主办 中国建设监理协会

中国建设监理与咨询

21

2018 / 2
总 第 21 期

CHINA CONSTRUCTION
MANAGEMENT and CONSULTING

U0265316

中国建筑工业出版社

图书在版编目（CIP）数据

中国建设监理与咨询. 21/ 中国建设监理协会主办. —北京：中国建筑工业出版社，2018.5
ISBN 978-7-112-22200-1

Ⅰ.①中…　Ⅱ.①中…　Ⅲ.①建筑工程—监理工作—研究—中国
Ⅳ.①TU712.2

中国版本图书馆CIP数据核字（2018）第086854号

责任编辑：费海玲　焦　阳
责任校对：张　颖

中国建设监理与咨询　21

主办　中国建设监理协会

*

中国建筑工业出版社出版、发行（北京海淀三里河路9号）
各地新华书店、建筑书店经销
北 京 嘉 泰 利 德 公 司 制 版
北京方嘉彩色印刷有限责任公司印刷

*

开本：880×1230毫米　1/16　印张：7¹/₂　字数：300千字
2018年4月第一版　2018年4月第一次印刷
定价：**35.00**元
ISBN 978-7-112-22200-1
　　（32091）

编辑部

地址：北京海淀区西四环北路 158 号
慧科大厦东区 10B

邮编：100142

电话：（010）68346832

传真：（010）68346832

E-mail：zgjsjlxh@163.com

21

2018 / 2
总第21期

CHINA CONSTRUCTION
MANAGEMENT and CONSULTING

中国建设监理与咨询

目录 CONTENTS

■ 监理论坛

■ 项目管理与咨询

■ 创新与研究

■ 人才培养

■ 企业文化

中国建设监理协会召开专家委员会第二次会议

2018年3月27日，中国建设监理协会召开了专家委员会第二次会议，90余人参加会议，副秘书长温健主持会议。

会议首先由副会长兼秘书长王学军作第一届专家委员会工作报告，并提出2018年专家委员会工作意见。2018年专家委员会主要围绕以下五个方面开展工作：一是贯彻落实"十三五"发展规划，引导行业技术进步和科技创新；二是完成好政府委托事项，做好全国监理工程师资格考试相关工作；三是开展前瞻性、全局性课题研究；四是搭建交流平台，为会员提供多种形式的服务；五是加强自身建设，完善日常工作机制。

会议选举产生了第二届专家委员会负责人，并向第二届专家委员会委员颁发了聘书。王早生当选为第二届专家委员会主任，王学军、修璐当选为常务副主任，温健、刘伊生、杨卫东、吴江等4名同志当选为副主任。

会议审议通过了《中国建设监理协会专家委员会管理办法》。

王早生会长作会议总结时指出，今年是监理制度设立三十周年，三十年是个重要节点，希望在座专家能积极参与，总结经验，弘扬监理行业正能量。同时希望各位专家随时提出建议，以改进工作，协会也会一如既往地做好为会员、为监理行业服务的工作。

（孙璐 提供）

天津市建设监理协会收到第十三届全运会组委会致谢函

2018年3月16日，全运会组委会马政秘书长、宣传部贾自欣处长等一行三人到天津市建设监理协会，代表天津全运会组委会向天津市建设监理协会递交致谢函，对天津市建设监理协会认真组织18家监理企业参与全运场馆装点项目验收工作，以实际行动支持十三届全运会场馆装点项目验收工作表示感谢。

天津市建设监理协会郑立鑫理事长、马明秘书长及参与场馆装点项目工程的监理企业代表对马政秘书长表示了热烈欢迎，并简要介绍了场馆装点项目工程监理工作情况。在听取介绍后，马政秘书长赞扬了天津市监理企业、监理人员高度的责任心、专业的态度、严谨的工作、奉献的精神，真正展现了监理行业的责任与担当。

近两个月的场馆装点验收工作中，天津市建设监理协会组织18家监理企业严格按照全运会组委会要求，完成了41个场馆的装点项目验收工作，为全运会作出了突出贡献，受到市委、市政府、十三届全运会组委会领导同志的充分肯定。

郑立鑫理事长表示，今后监理行业将努力贯彻弥足珍贵的"全运精神"，继续发扬监理行业业务实过硬的工作作风，勇于创新、精益求精，发扬工匠精神、苦干实干的奉献精神。

（张帅 提供）

广东省建设监理协会召开粤港合作技术交流座谈会

2018年3月6日，广东省建设监理协会在珠海召开粤港合作技术交流座谈会。香港测量师学会前会长何钜业率香港测量师一行15人参会。广东省住房和城乡建设厅建筑市场监管处何志坚、罗黎静、胡增辉和王欣煜等4位科长出席会议。广东省建设监理协会孙成会长出席会议并致辞。会议由协会行业发展部负责人黄鸿钦主持。

座谈会上，孙成会长在致辞中表示，举办这次会议是贯彻落实国家"以粤港澳大湾区建设、粤港澳合作、泛珠三角区域合作等为重点，全面推进内地同香港互利合作"的精神以及《国务院办公厅关于促进建筑业持续健康发展的意见》的有关要求，进一步促进粤港专业人士深入交流，推动粤港咨询企业深化合作。他指出，这次会议安排，既有行业间的研讨，也有现场技术交流和观摩，通过交流，进一步提升业务水平。这也是粤港两地协会（学会）签署的"关于深化粤港合作框架协议"的重要内容。他强调，粤港一家亲，两地要更紧密联系，加强沟通交流，在湾区建设中发挥重要作用，合力推进"合作共赢、并船出海"的愿景。

何志坚科长作为广东省住建厅市场处的代表也作了重要讲话。他指出，香港有很多优秀的经验，如认可人士制度和城市更新模式，都值得借鉴参考。统筹推进粤港澳建筑行业交流合作是广东省住房和城乡建设厅的一项重要工作，希望两地协会（学会）加强沟通联系，深入调查研究，向政府建言献策，双方携手，帮助企业"走出去"。广东省住建厅下一步也就取得互认资格的专业人士在粤执业和企业在粤经营存在的问题进行研究，制定相应的政策，努力推进两地企业在项目上的合作，希望能为业界的繁荣发展尽绵薄之力。

会后，与会代表赴港珠澳大桥青州航道桥、沉管隧道和东人工岛考察学习。

（高锋　提供）

住房城乡建设部确定2018年安全生产工作五大要点

住房城乡建设部近日印发《2018年安全生产工作要点》，要求有效防范和坚决遏制重特大事故，严格防控较大事故，减少事故总量，促进住房城乡建设系统安全生产形势稳定好转。

工作要点确定了今年安全生产领域的五大工作要点，要求各级住房城乡建设主管部门和有关单位开展建筑施工安全专项治理行动；加强市政公用设施运行安全管理；加强城镇房屋安全管理；加强农房建设质量安全管理；加强城市管理监督。

在开展建筑施工安全专项治理行动方面，要督促企业建立健全危大工程安全管理体系，全面开展危大工程安全隐患排查整治，部署城市轨道交通工程专项检查；并强化事故责任追究，以严肃问责为抓手推动安全生产工作，有效落实发生事故的施工企业安全生产条件复核制度，严格执行对事故责任企业责令停业整顿、降低资质等级或吊销资质证书等处罚规定。

住房城乡建设部办公厅关于印发2018年安全生产工作要点的通知

在加强市政公用设施运行安全管理方面，要加强城镇燃气安全管理；加强城镇供水、供热、道路桥梁、垃圾处理等风险排查和隐患治理；加强园林绿化和风景名胜区管理。

在加强城镇房屋安全管理方面，要督促建设单位提高物业共有部分的建设质量，严格执行物业承接查验的原则和程序；在老旧小区改造过程中，有效解决老旧住宅安全隐患相对突出的问题，切实保障居民的住用安全。

工作要点强调，推进农村危房改造，会同有关部门支持 190 万户左右建档立卡贫困户等重点对象进行危房改造，因地制宜开展农村危房加固改造。

根据工作要点，将强化城市管理日常巡查。针对城市管理工作点多、线长、面广的特点，强化日常巡查工作，加强社区安全宣传，增强公民安全意识。增加对人员密集、问题多发的场所、区域巡查频率，采取有效措施消除安全生产隐患。

（冷一楠收集　摘自《中国建设报》宗边）

住房城乡建设部发布危险性较大的分部分项工程安全管理规定

为加强对房屋建筑和市政基础设施工程中危险性较大的分部分项工程安全管理，有效防范生产安全事故发生，住房城乡建设部近日发布了《危险性较大的分部分项工程安全管理规定》（以下简称《管理规定》），自 2018 年 6 月 1 日起施行。

《管理规定》适用于房屋建筑和市政基础设施工程中危险性较大的分部分项工程安全管理，其中危险性较大的分部分项工程（以下简称"危大工程"），是指房屋建筑和市政基础设施工程在施工过程中，容易导致人员群死群伤或者造成重大经济损失的分部分项工程。

《管理规定》明确了各方（建设单位、勘察单位、设计单位、施工单位、监理单位）在前期保障、专项施工方案、现场安全管理等环节的职责。其中专项施工方案应当由施工单位技术负责人审核签字、加盖单位公章，并由总监理工程师审查签字、加盖执业印章后方可实施。对于超过一定规模的危大工程，施工单位应当组织召开专家论证会对专项施工方案进行论证。专家论证前，专项施工方案应当通过施工单位审核和总监理工程师审查。监理单位应当结合危大工程专项施工方案编制监理实施细则，并对危大工程施工实施专项巡视检查。监理单位发现施工单位未按照专项施工方案施工的，应当要求其进行整改；情节严重的，应当要求其暂停施工，并及时报告建设单位。施工单位拒不整改或者不停止施工的，监理单位应当及时报告建设单位和工程所在地住房城乡建设主管部门。对于按照规定需要验收的危大工程，施工单位、监理单位应当组织相关人员进行验收。验收合格的，经施工单位项目技术负责人及总监理工程师签字确认后，方可进入下一道工序。建设、勘察、设计、监理等单位应当配合施工单位开展应急抢险工作。危大工程应急抢险结束后，建设单位应当组织勘察、设计、施工、监理等单位制定工程恢复方案，并对应急抢险工作进行后评估。监理单位应当建立危大工程安全管理档案，并将监理实施细则、专项施工方案审查、专项巡视检查、验收及整改等相关资料纳入档案管理。

《管理规定》还对各方失职行为应负的法律责任进行了规定。

（冷一楠　提供）

发展改革委公布《必须招标的工程项目规定》

经国务院批准，近日，国家发展改革委印发《必须招标的工程项目规定》（国家发展改革委令第16号），大幅缩小必须招标的工程项目范围。这是招标投标领域落实党的"十九大"和十九届二中、三中全会精神，深化"放管服"改革的重要举措，有助于扩大市场主体特别是民间投资者的自主权，减轻企业负担，激发市场活力和创造力。

此次修订主要修改了三方面内容：一是缩小必须招标项目的范围。从使用资金性质看，将《招标投标法》第3条中规定的"全部或者部分使用国有资金或者国家融资的项目"，明确为使用预算资金200万元人民币以上，并且该资金占投资额10%以上的项目，以及使用国有企事业单位资金，并且该资金占控股或者主导地位的项目。从具体项目范围看，授权国务院发展改革部门会同国务院有关部门按照确有必要、严格限定的原则，制订必须招标的大型基础设施、公用事业等关系社会公共利益、公众安全的项目的具体范围，报国务院批准。二是提高必须招标项目的规模标准。根据经济社会发展水平，将施工的招标限额提高到400万元人民币，将重要设备、材料等货物采购的招标限额提高到200万元人民币，将勘察、设计、监理等服务采购的招标限额提高到100万元人民币。三是明确全国执行统一的规模标准。删除了3号令中"省、自治区、直辖市人民政府根据实际情况，可以规定本地区必须进行招标的具体范围和规模标准，但不得缩小本规定确定的必须进行招标的范围"的规定，明确全国适用统一规则，各地不得另行调整。

住房城乡建设部将督察建筑企业跨省承揽业务监督管理工作

日前，住房城乡建设部办公厅印发关于开展建筑企业跨省承揽业务监督管理专项检查的通知，要求各地完善建筑市场监管体制，严肃查处违规设置市场壁垒、限制建筑企业跨省承揽业务的行为，清理废除妨碍构建统一开放建筑市场体系的规定和做法，建立健全统一开放的建筑市场体系，营造公平竞争的建筑市场环境。

据了解，2015年，住房城乡建设部制定并印发了《关于推动建筑市场统一开放的若干规定》；2017年，《国务院办公厅关于促进建筑业持续健康发展的意见》出台，强调优化建筑市场环境、建立统一开放的建筑市场。为督促各地执行，住房城乡建设部决定开展工程勘察设计企业、建筑业企业、工程监理企业、工程招标代理机构（以下统称"建筑企业"）跨省承揽业务监督管理专项检查。

通知明确了专项检查的内容。一是建筑企业跨省承揽业务监督管理相关法规、规章、规范性文件。重点检查是否已按照相关要求，取消备案管理制度，实施信息报送制度。二是外地建筑企业信息报送管理工作。重点检查信息报送内容是否严格限定在规定范围；报送信息是否向社会公开；是否随时接收外地建筑企业报送的基本信息材料；是否存在要求建筑企业重复报送信息，或每年度报送信息的情形等。三是建筑企业跨省承揽业务监督管理工作。各级住房城乡建设主管部门在建筑企业跨省承揽业务监督管理工作中是否存在以下情形：擅自设置任何审批、备案事项或者告知条件；收取没有法律法规依据的任何费用或保证金等；要求外地企业在本地区注册设立独立子公司或分公司；强制扣押外地企业和人员的相关证照资料；要求外地企业注册所在地住房城乡建设主管部门或其上级主管部门出具相关证明；将资质资格等级作为外地企业进入本地区承揽业务的条件；以本地区承揽工程业绩、本地区获奖情况作为企业进入本地市场条件；要求企业法定代表人到场办理入省（市）手续；其他妨碍企业自主经营、公平竞争的行为。

专项检查分为两个阶段。第一阶段是自查阶段，时间为 2018 年 4 月 2 日至 5 月 21 日。各省级住房城乡建设主管部门要对照通知确定的检查内容组织本地区自查，及时发现和整改有关问题，提出相应对策措施，并于 5 月 30 日前将本地区自查报告及建筑企业跨省承揽业务监督管理专项检查汇总表报部建筑市场监管司。第二阶段是督导检查阶段。住房城乡建设部将根据各省级住房城乡建设主管部门报送的自查报告以及收到的相关投诉举报开展督察，督促各地严格按照《关于推动建筑市场统一开放的若干规定》的要求做好建筑企业跨省承揽业务监督管理工作。

住房城乡建设部办公厅关于开展建筑企业跨省承揽业务监督管理专项检查的通知

通知指出，开展建筑企业跨省承揽业务监督管理专项检查是推进建筑市场统一开放的重要举措。各级住房城乡建设主管部门要统一思想、高度重视，切实加强组织领导，明确分工，认真做好专项检查工作。加强制度建设，进一步规范建筑企业跨省承揽业务监督管理工作，营造良好建筑市场环境，促进企业自由流动，推动建筑业持续健康发展。

（冷一楠提供　摘自《中国建设报》宗边）

河北省建筑市场发展研究会召开会长办公会（扩大）会议

2018 年 3 月 27 日，河北省建筑市场发展研究会会长办公会（扩大）会议在阜平召开。河北省建筑市场发展研究会副会长张森林同志、秘书长穆彩霞同志、各位副会长以及有关企业负责人参加会议。特邀河北省住房和城乡建设厅建工处有关领导参加此次会议并指导工作。

会议主要内容如下。一是按照河北省住房和城乡建设厅和中监协工作要求，根据河北省监理行业工作实际情况修改完善河北省建筑市场发展研究会 2018 年监理工作要点。穆彩霞同志首先传达了中国建设监理协会 2018 年工作要点，而后对河北省建筑市场发展研究会 2018 年监理工作要点进行了详细介绍。二是对河北省监理单位向政府主管部门报告质量监理情况试点工作听取有关企业汇报，与会人员从不同角度探讨了试点工作开展情况。三是河北中原工程项目管理有限公司、河北冀科工程项目管理有限公司分别就项目管理开展情况进行了详细汇报与经验交流。四是会议安排与会人员对阜平县苍山西路建设项目、桥西街南延及跨河大桥项目、阜东产业园区项目进行观摩学习。

会后，张森林同志感谢大家积极参与和支持研究会工作，同时希望监理企业根据经济发展形势和监理行业发展形势，定好企业位置，把握企业发展方向。

河北省住房和城乡建设厅建工处有关领导对大会的圆满召开表示祝贺，结合雄安新区建设，全国以及河北省城市建设发展的总体思路，鼓励有能力的监理咨询企业积极开展项目管理与全过程咨询服务。

此次会议圆满完成了会议各项议程，研讨交流了项目管理与全过程咨询管理模式，同时也加强了监理企业间的相互交流。

（穆彩霞　提供）

北京市建设监理协会召开"第六届二次会员大会"

2018 年 3 月 21 日，北京市建设监理协会召开"北京市监理协会第六届二次会员大会"。会长李伟、首席专家张元勃，副会长张铁明、曹雪松、高玉亭等领导参会；监理单位及市监理协会工作人员近 300 人参会。张铁明副会长主持会议。

首先，李伟会长部署了 2018 年监理行业的主要工作。指出：1. 经过会员单位共同努力，国务院采纳了取消"安全旁站"的提案。2. 通报课题研究进展情况。3. 解读"行业贡献绩点统计管理办法"。4. 为庆祝监理行业成立 30 周年将举办系列活动。

张铁明副会长对本次会议进行总结，解读了"市监理协会专项调研统计表"，分享了使用协会网站的心得，并通报了相关工作。

会上，发放了《北京市建设监理协会 2017 年工作总结》画册，以及《建设工程监理规程应用指南》《行业贡献绩点统计管理办法》《装配式建筑质量控制方法研究院调研报告》等资料。

（张宇红　提供）

住房城乡建设部举行建筑施工安全专项治理行动新闻发布会

2018 年 3 月 28 日，住房城乡建设部举行了建筑施工安全专项治理行动新闻发布会，对《住房城乡建设部关于开展建筑施工安全专项治理的通知》进行了解读。

此次建筑施工安全专项治理行动的总体思路是坚持以习近平新时代中国特色社会主义思想为指导，牢固树立安全发展理念，坚持依法监管、改革创新、源头防范、系统治理的原则，用两年时间，集中开展建筑施工安全专项治理行动，确保全国房屋建筑和市政工程生产安全事故总量下降。针对当前建筑施工安全生产工作面临的问题和形势，专项治理主要开展三方面工作。

一要加强危大工程安全管控。推动各地因地制宜制订《危险性较大的分部分项工程安全管理规定》实施细则，组织宣传贯彻，督促工程参建各方主体建立健全危大工程安全管控体系，严格落实危大工程专项施工方案的编制及论证制度，严格落实施工现场安全管理各项措施，严格按专项施工方案进行施工。督促企业针对所有在建房屋建筑和市政基础设施工程，全面深入排查危大工程存在的安全隐患，对所有隐患建立台账，逐项明确整改时限和责任人，逐项落实整改措施，切实做到查大风险、除大隐患、防大事故。对于企业排查情况，各级住房城乡建设主管部门要定期进行督查，推动隐患排查工作有力有序开展。按照隐患就是事故的理念，加大危大工程监督执法力度，对于在监督检查中发现的危大工程安全管控体系不健全、隐患排查整改不到位等问题，依法实施罚款、暂扣企业安全生产许可证等行政处罚。

住房城乡建设部关于开展建筑施工安全专项治理行动的通知

二要强化安全事故责任追究。严格按规定对发生事故的施工企业安全生产条件进行复核，根据事故级别和安全生产条件降低情况，依法作出暂扣或吊销安全生产许可证的决定；严格落实对事故责任企业和人员资质资格的处罚规定，对较大事故的责任企业责令停业整顿，对重大以上事故的责任企业降低资质等级或吊销资质证书，对事故负有责任的注册执业人员责令停止执业或吊销执业资格证书，一年内连续发生两起以上事故的，依法从重处罚；认真执行事故查处挂牌督办制度，并及时向社会公开查处情况，接受公众监督，对于查处不到位、督促整改不力的，依法依规予以问责。

三要构建安全监管长效机制。按照"党政同责、一岗双责、齐抓共管、失职追责"的原则，开展建筑施工安全生产工作层级考核，明确考核内容、程序和要求，严格落实"一票否决"，督促各级监管部门认真履职尽责；推行"双随机、一公开"执法检查模式，鼓励通过政府购买服务的方式委托专业机构提供服务，探索推行执法全过程记录，做好全国施工安全监管信息共享工作，提高监管执法效能；加强安全信用建设，建立守信激励和失信惩戒机制，将信用情况作为招投标、资质资格、施工许可等市场准入管理的重要依据。对于严重失信行为，住房城乡建设部将与有关部门实施联合惩戒。

上海市建设工程咨询行业协会监理专业委员会召开监理块组长会议

2018 年 3 月 24 日，上海市建设工程咨询行业协会监理专业委员会召开 2018 年第一季度监理块组长会议。协会秘书长徐逢治、监理专业委员会主任委员龚花强等领导以及监理块组正副组长参加了会议。会议由监理专业委员会秘书长卢本兴主持。

会议首先宣布了"2016 年度示范监理项目部"名单。协会秘书长徐逢治指出，上届示范监理项目部创建活动展现出自创办以来企业参与度最高、获选项目数最多、评选工作量最大、检查专家数最多、评选程序最严格的特点，并对获得称号的监理项目部表示热烈的祝贺。

监理专委会副主任委员朱建华传达了中国建设监理协会第六届会员代表大会会议精神，简要介绍了协会换届改选工作情况、第五届理事会五年来的主要工作和取得的成绩以及 2018 年工作要点。

会议还特别邀请了上海斯耐迪工程咨询有限公司有关负责人作"前事勿忘，我要安全"的专题发言，围绕企业在提升安全体系管理工作、落实监理安全监督工作职责方面的改进措施进行了交流汇报。会上强调，安全教育是重中之重，发展绝不能以牺牲人的生命为代价，安全质量工作目标必须做到"零容忍"；同时，强化风险预控理念至关重要，在习惯性违章和危大工程风险管控时把预防"人因"问题放在首位，坚决杜绝侥幸心理。

会议期间，专委会组织与会代表就近期征求意见的"工程监理企业资质管理规定和资质标准""全过程工程咨询服务发展的指导意见"以及"本市监理报告制度"几个文件展开了热烈的讨论。企业普遍关心的问题主要集中在监理资质标准简化的合理性、推广全过程工程咨询服务对传统监理行业带来的冲击影响、监理报告制度的实际作用和可操作性等内容。讨论中，企业代表们还对监理行业现状发生的根源进行了分析，就提升自身服务能力、转变传统思维模式、培养高素质人才等方面提出了明确的努力方向，对工程监理行业的未来发展表达了坚定的信心。

交流发言结束后，监理专委会主任委员龚花强介绍了专委会 2018 年工作重点。他提出，今年协会将努力做好"建设监理推行 30 周年"系列活动；进一步扩大创建示范监理项目部活动的覆盖面和影响力；推动本市监理行业人员薪酬和项目部人员配置信息发布机制的落地；对恶意低价等扰乱市场的行为采取行业惩戒措施。

最后，徐逢治秘书长指出，传统监理服务在过去 30 年国家建设历程中发挥了不可替代的作用，全过程工程咨询的提出是我国工程咨询业多元化、国际化发展的需求和体现，并非监理行业发展的唯一路径，监理企业应立足于自身本职工作，强化监理服务质量，鼓励有条件的企业积极探索培育全过程工程咨询服务能力，逐步走向国际市场。她还对协会在 2018 年即将开展的研究优化在沪监理企业信用评价标准、积极拓展监理培训课程等其他工作做了部署。

关于印发住房城乡建设部建筑市场监管司 2018年工作要点的通知

建市综函[2018]7号

各省、自治区住房城乡建设厅，直辖市建委，北京市规划国土委，新疆生产建设兵团建设局，国务院有关部门建设司（局）：

现将《住房城乡建设部建筑市场监管司 2018 年工作要点》印发给你们。请结合本地区、本部门的实际情况，安排好今年的建筑市场监管工作。

附件：住房城乡建设部建筑市场监管司 2018 年工作要点

中华人民共和国住房和城乡建设部建筑市场监管司

2018 年 2 月 27 日

住房城乡建设部建筑市场监管司 2018 年工作要点

2018 年，建筑市场监管司工作思路是：深入贯彻党的十九大精神，以习近平新时代中国特色社会主义思想为指导，贯彻落实《国务院办公厅关于促进建筑业持续健康发展的意见》，坚持质量第一、效益优先，以解决建筑业发展不平衡不充分问题为目标，以深化建筑业供给侧结构性改革为主线，以提升工程质量安全水平为核心，以完善建筑市场监管体制机制为重点，优化企业营商环境，推进建筑产业转型升级，全面落实全国住房城乡建设工作会议部署的工作任务。

一、推进建筑业供给侧结构性改革

（一）深化工程招投标制度改革。持续推进民间投资的房屋建筑工程由建设单位自主决定发包方式，继续探索在采用常规通用技术标准的政府投资工程实行提供履约担保基础上的最低价中标。研究起草进一步加强房屋建筑和市政基础设施工程招投标监管的意见，加快推行电子招投标和网上异地评标。加强工程招标代理机构资格认定取消后的事中事后监管，推行信息报送和公开制度，完善工程招标代理机构管理。配合做好《招投标法》等相关法律法规修订工作。

（二）推动工程建设组织方式变革。推进工程总承包，出台房屋建筑和市政基础设施项目工程总承包管理办法，健全工程总承包管理制度。继续修订工程总承包合同示范文本，研究制定工程总承包设计、采购、施工的分包合同示范文本，完善工程总承包合同管理。出台推进全过程工程咨询服务指导意见，制定全过程工程咨询服务技术标准和合同示范文本，积极培育全过程工程咨询企业。出台关于进一步推进建筑师负责制的指导意见，研究制定建筑师负责制项目合同示范文本，继续在民用建筑工程项目中推行建筑师负责制。

（三）培育现代化建筑产业工人队伍。健全建筑工人培训使用管理机制，引导和支持大型施工企业与建筑劳务输出大省合作建立劳务基地，建立以劳务基地为依托的稳定的工人队伍，构建以总承包企业自有工人为骨干、专业作业企业自有工人为主体的新型用工体系。出台培育现代化建筑产业工人队伍指导意见，推进建筑劳务用工制度改革，大力发展专业作业企业。建设全国建筑工人管理服务信息平台，制订建筑劳务用工实名制管理办法，加快推行建筑劳务用工实名制管理，明确施工现场技能工人基本配备标准。

二、完善建筑市场监管体制机制

（四）优化企业营商环境。继续推动建立统一开放、公平竞争的建筑市场环境，对企业反映强烈的地区壁垒问题进行督查，严厉查处设置歧视性限制条件或隐性障碍等行为。简化施工许可管理，推动"互联网＋政务服务"，进一步压缩施工许可证办理时间。持续开展清理规范工程建设领域保证金工作，出台进一步推行工程担保的指导意见。以银行保函和保证保险为重点，推行履约担保和工程款支付担保。

（五）推进诚信体系建设。完善全国建筑市场监管公共服务平台，修订出台全国建筑市场监管及诚信信息系统基础数据库数据标准，提高平台数据质量。加大信息公开力度，完善信用信息归集、报送和公开机制，实施建筑市场主体黑名单制度。研究建立建筑市场失信联合惩戒机制，签署联合惩戒备忘录，加大联合惩戒力度。

（六）加强建筑市场监管。继续加大对资质资格申报弄虚作假、发生质量安全责任事故、建筑工程施工转包违法分包等违法违规行为和投诉举报案件的查处力度。依托全国建筑市场监管公共服务平台，加强企业资质动态监管，适时开展对企业取得资质后是否符合资质标准的动态核查，强化市场清出管理。

三、深化行政审批制度改革

（七）简化企业资质管理。修订建筑业、勘察设计、监理企业资质管理规定及资质标准，继续简化市场准入条件，减少专业类别，推动资质标准与注册执业人员数量要求适度分离。开展建筑业企业资质标准改革试点，进一步合并部分专业承包资质，减少资质等级。研究放开工程设计和建设工程服务领域外商投资准入限制，对外商投资工程设计和建设工程服务企业实施准入前国民待遇加负面清单管理模式。

（八）完善个人执业资格管理制度。研究调整勘察设计工程师制度总体框架及实施规划，优化专业划分。修订勘察设计注册工程师、建造师、监理工程师管理规定，强化执业行为监管，落实个人执业责任。推动建筑领域国际交流合作，探索开展个人执业资格国际互认。

（九）创新行政审批工作机制。总结试点经验，推进企业资质审批承诺制试点，完善企业资质审批工作机制。研究制定企业业绩实地核查工作管理办法，规范现场核查行为。开展计算机标准化、智能化审查试点。研究推进企业资质证书电子化。

四、落实全面从严治党政治责任

（十）全面加强党的建设。深入学习贯彻习近平新时代中国特色社会主义思想和党的十九大精神，严格落实《建筑市场监管司关于落实全面从严治党政治责任的办法》，着力增强"四个意识"、坚定"四个自信"，不断提高履职能力和为人民服务本领。认真贯彻落实《中国共产党党和国家机关基层组织工作条例》《中央国家机关贯彻落实全面从严治党实施方案》，加强党支部建设，把党建作为全局工作的重要组成部分，统筹安排、定期研究，做到党建工作和业务工作同部署、同落实。

（十一）持续改进干部作风。贯彻落实部党组关于深入贯彻落实中央八项规定精神进一步纠正"四风"的实施办法，深入查摆形式主义、官僚主义新表现，制定整改措施，坚决防止"四风"问题反弹回潮。牢固树立以人民为中心发展思想，加大服务群众工作力度，及时回应群众关切和反映强烈问题。深入基层，大兴调查研究之风，提高调研的广度、深度，提升调研质量，及时解决建筑业改革发展的突出问题。

（十二）深入开展党风廉政教育。深入推进"两学一做"学习教育常态化制度化，扎实开展"不忘初心、牢记使命"专题教育，坚持党员干部学习制度、"三会一课"制度、月度廉政提醒和典型案例通报制度，广泛开展理想信念、社会主义核心价值观、廉洁从政教育，引导党员干部强化宗旨意识、群众观念，增强抵御和纠正不正之风能力，筑牢拒腐防变思想道德防线。

关于印发《住房和城乡建设部工程质量安全监管司2018年工作要点》的通知

建质综函[2018]15号

各省、自治区住房城乡建设厅，直辖市建委（规划国土委），新疆生产建设兵团建设局：

现将《住房和城乡建设部工程质量安全监管司2018年工作要点》印发给你们。请结合本地区、本部门的实际情况，安排好今年的工程质量安全监管工作。

附件：住房和城乡建设部工程质量安全监管司2018年工作要点

中华人民共和国住房和城乡建设部工程质量安全监管司

2018年3月21日

附件

住房和城乡建设部工程质量安全监管司 2018 年工作要点

2018年，工程质量安全监管工作将以习近平新时代中国特色社会主义思想为指导，全面贯彻党的十九大精神，深入落实党中央、国务院关于工程质量安全工作的决策部署和全国住房城乡建设工作会议要求，坚持质量第一、效益优先，牢固树立安全发展理念，以提升工程质量安全为着力点，加快推动建筑产业转型升级，深入开展工程质量提升行动和建筑施工安全专项治理行动，着力解决工程质量安全领域发展不平衡不充分问题，全面落实企业主体责任，强化政府对工程质量安全的监管，健全工程质量安全保障体系，全面提升工程质量安全水平。

一、开展工程质量提升行动，推动建筑业质量变革

（一）健全质量保障体系。贯彻落实党中央、国务院关于开展质量提升行动的部署要求，深入开展工程质量提升行动，健全工程质量保障体系。严格落实各方主体责任，强化建设单位首要责任，全面落实质量终身责任制。强化政府监管，保障监督机构履行职能所需经费，推行"双随机、一公开"检查方式，加大工程质量监督检查和抽查抽测力度，督促质量责任落实。

（二）推进质量管理试点。指导和督促试点地区因地制宜、积极稳妥推进监理报告制度、工程质量保险等试点工作，创新质量管理体制机制，探索质量管理新方式方法，总结提炼可复制、可推广的试点经验。

（三）推行质量管理标准化。指导和督促各地以施工现场为中心、以质量行为标准化和实体质量控制标准化为重点，强化全过程控制和全员管理标准化，建立质量责任追溯、管理标准化岗位责任制度，推行样板引路，创建示范工程，建立质量管理标准化评价体系，促进工程质量均衡发展。

（四）夯实质量管理基础。加快修订工程质量检测管理办法，加大对出具虚假报告等违法违规行

为的处罚力度。推进工程质量保险制度建设，充分发挥市场机制作用，通过市场手段倒逼各方主体质量责任的落实。

二、开展建筑施工安全专项治理行动，推动建筑业安全发展

（一）加强危大工程管控。贯彻落实《危险性较大的分部分项工程安全管理规定》，督促企业建立健全危大工程安全管理体系，全面开展危大工程安全隐患排查整治，加强各级监管部门的监督检查，严厉惩处违法违规行为，切实管控好重大安全风险，严防安全事故发生。

（二）强化事故责任追究。以严肃问责为抓手推动安全生产工作，有效落实发生事故的施工企业安全生产条件复核制度，严格执行对事故责任企业责令停业整顿、降低资质等级或吊销资质证书等处罚规定，加大事故查处督办和公开力度，督促落实企业主体责任。

（三）构建监管长效机制。研究建立建筑施工安全监管工作考核机制，促进各级监管部门严格履职尽责。推行"双随机、一公开"检查模式，建设全国建筑施工安全监管信息系统，逐步实现各地监管信息互联互通，增强监管执法效能。

（四）提升安全保障能力。推进建筑施工安全生产标准化建设，提升标准化考评覆盖率和考评质量，研究制定标准化建设指导手册。深入开展"安全生产月"等活动，加强安全宣传教育，开展部分地区建筑施工安全监管人员培训，促进提高全行业安全素质。

三、提升勘察设计质量水平，推动建筑业技术进步

（一）加强勘察设计质量管理。组织修订《建设工程勘察质量管理办法》。深入开展勘察质量管理信

息化试点工作，进一步规范工程勘察文件编制深度要求，开展部分地区勘察设计质量专项监督检查。开展大型公共建筑工程后评估试点，促进设计质量提升。

（二）推进施工图审查制度改革。研究制定施工图数字化审查数据标准，在全国范围内开展数字化审查试点工作。总结地方经验，推进施工图联合审查，提高审查效率，进一步优化营商环境。

（三）强化建筑业技术创新。落实建筑业信息化发展纲要，开展建筑业信息化发展水平评估，进一步推动BIM等建筑业信息化技术发展。继续开展建筑业10项新技术的宣传推广，加强建筑业应用技术研究，推动建筑业技术进步。

四、完善城市轨道交通工程风险防控机制，保障工程质量安全

（一）加强全过程风险管控。强化城市轨道交通工程关键节点风险管控，开展关键节点施工前条件核查工作。研究制定盾构施工风险控制技术指南，组织开展轨道交通工程风险分级管控和隐患排查治理双重预防机制试点。

（二）完善工程质量管理体系。加强对城市轨道交通工程质量全过程管理，落实单位工程验收、项目工程验收和竣工验收制度。研究制定城市轨道交通工程土建施工质量标准化控制指导意见和城市轨道交通工程新技术应用指导意见。

（三）加强监督检查和事故督办。组织开展城市轨道交通工程专项检查，加大事故督办力度，强化事故隐患排查治理，提升事故预防和管控能力。

五、加强工程抗震设防制度建设，提高抗震减灾能力

（一）推动建设工程抗震立法。加快推进《建设工程抗震管理条例》研究起草工作，健全建设工程抗震设防制度体系，推动建立政府、个人、社会

共同参与抗震管理的机制。

（二）加强重点工程抗震监管。组织开展部分地区超限高层建筑工程和隔震减震工程抗震设防监督检查，加大抗震设防质量责任落实力度。完善隔震减震工程质量管理体系，探索建立隔震减震装置质量追溯机制。

（三）积极应对重大地震灾害。根据地震灾害应急预案及时启动灾害应急响应，加强与相关部门协调联动，提高应对能力。完善国家震后房屋建筑安全应急评估机制，开展评估人员培训，规范评估工作。

六、落实全面从严治党要求，提高队伍素质

（一）加强党的政治建设。落实全面从严治党责任，在政治上、思想上、行动上，同以习近平同志为核心的党中央保持高度一致。严格规范党内政治生活，严守政治纪律和政治规矩，坚持以人民为中心的思想谋划各项工作。

（二）完善廉政风险防控机制。在制定工程质量安全政策、履行质量安全监管职责、开展监督执法检查、开展工程项目和专业人员评审、经费使用管理等方面，进一步完善廉政风险防控机制，扎牢不能腐的笼子，增强不想腐的自觉。

（三）加强干部队伍建设。按照建筑业高质量发展要求，紧紧围绕工程质量安全热点难点问题，深入基层开展调研，改进工作作风，务求工作实效。增强责任意识，增强专业精神，增强改革创新能力，培养既有担当又有本领的干部队伍。

2018年3~4月开始实施的工程建设标准

序号	标准编号	名称	发布时间	实施时间
1	GB/T 51259-2017	腈纶设备工程安装与质量验收规范	2017/8/31	2018/3/1
2	GB/T 51262-2017	建设工程造价鉴定规范	2017/8/31	2018/3/1
3	GB/T 51255-2017	绿色生态城区评价标准	2017/7/31	2018/4/1
4	GB/T 51253-2017	建设工程白蚁危害评定标准	2017/7/31	2018/4/1
5	GB/T 51252-2017	网络电视工程技术规范	2017/7/31	2018/4/1
6	GB 50403-2017	炼钢机械设备工程安装验收规范	2017/7/31	2018/4/1
7	GB/T 51248-2017	天然气净化厂设计规范	2017/7/31	2018/4/1
8	GB/T 51256-2017	桥梁顶升移位改造技术规范	2017/7/31	2018/4/1
9	GB 51237-2017	火工品实验室工程技术规范	2017/7/31	2018/4/1
10	GB 51254-2017	高填方地基技术规范	2017/7/31	2018/4/1
11	GB/T 51246-2017	石油化工液体物料铁路装卸车设施设计规范	2017/7/31	2018/4/1
12	GB/T50539-2017	油气输送管道工程测量规范	2017/7/31	2018/4/1
13	GB/T 51250-2017	微电网接入配电网系统调试与验收规范	2017/7/31	2018/4/1
14	GB 51249-2017	建筑钢结构防火技术规范	2017/7/31	2018/4/1
15	GB 50222-2017	建筑内部装修设计防火规范	2017/7/31	2018/4/1
16	JG/T 521-2017	轻质砂浆	2017/9/5	2018/4/1
17	JG/T 526-2017	建筑电气用可弯曲金属导管	2017/9/5	2018/4/1
18	CJ/T 518-2017	潜水轴流泵	2017/9/5	2018/4/1
19	CJ/T 520-2017	齿环卡压式薄壁不锈钢管件	2017/9/5	2018/4/1

聚焦全国建设监理协会
秘书长工作会议

2018 年 3 月 22 日，全国建设监理协会秘书长工作会议在北京召开，来自全国各省、自治区、直辖市建设监理协会，有关行业建设监理协会（分会、专业委员会）的秘书长共计 50 余人参加会议。副秘书长温健主持会议。

会上，副会长兼秘书长王学军对中国建设监理协会 2018 年工作要点进行了说明。同时邀请广东省建设监理协会、山西省建设监理协会和上海市建设工程咨询行业协会分享了它们的工作经验。

王早生会长作会议总结时提出六点希望，一是希望各地协会结合工作实际，制定完善各自的工作要点；二是要认清改革发展形势；三是充分发挥地方和行业协会秘书长的作用，确保年度各项工作落到实处；四是要讲究科学的工作方法，创建有效的工作路径；五是要切实做好会员激励工作；六是要加强沟通，形成上下联动的良好工作态势。希望大家共同努力，促进监理行业持续健康发展。

真抓实干　努力做好2018年各项工作

——王早生会长在全国建设监理协会秘书长会议上的讲话

各位秘书长：

2018年1月，协会秘书处向六届一次常务理事会提交了2018年工作要点，经讨论修改，现已正式印发。今天召开全国建设监理协会秘书长会议，学军同志作协会2018年工作要点的说明，对主要工作作了详细介绍。广东、上海、山西协会就协会工作进行了交流发言，它们好的工作方法和经验值得我们借鉴。我们工作的开展离不开地方协会和行业协会的支持，在此，我代表协会表示衷心的感谢。

经过30年的实践，工程监理在工程建设中发挥了不可替代的重要作用，在我国经济高速发展、大量基础设施和工程建设中，为保证建设项目的工程质量、安全生产以及人民生命和国家财产安全，为人们安居乐业和社会稳定作出了积极贡献，工程监理行业取得的成就令人瞩目。但是，我们也应该清醒地认识到目前监理行业仍然存在一些问题、困难和挑战。在当前经济新常态下，我们要抓住机遇，应对挑战。

下面我谈几点意见，供大家在工作中参考。

第一，当前经济发展形势

习近平总书记强调，中国特色社会主义进入了新时代，我国经济发展也进入了新时代，我国经济已由高速增长阶段转向高质量发展阶段。

高质量发展，对我们监理行业来说，就是克服发展瓶颈、创新发展优势、转换增长动力，依靠创新，向科技要效益、向管理要效益、向人才要效益。随着国家供给侧改革深入推进，监理的发展需要我们主动出击，有所作为，要用成果赢得业主，取得效益。要延伸服务领域，乘行业试点东风，走出行业创新发展之路。

第二，监理行业发展的形势

中共中央、国务院文件多次强调工程监理，如《中共中央国务院关于深化投融资体制改革的意见》提出"依法落实项目法人责任制、招标投标制、工程监理制和合同管理制，切实加强信用体系建设，自觉规范投资行为"。进一步表明国家对监理的重视。《国务院办公厅关于促进建筑业持续健康发展的意见》及《住房城乡建设部关于促进工程监理行业转型升级创新发展的意见》等文件，鼓励监理企业在立足施工阶段监理的基础上，向"上下游"拓展服务领域。鼓励监理企业跨地区兼并重组、创新发展，有能力的监理企业开展全过程工程

咨询，为工程监理行业的发展指明了方向。

以上文件说明党中央国务院高度重视建设工程质量，重视监理行业的发展和监理作用的发挥。有为才能有位，责权方能相当。我们要充分了解国家和人民对监理的期望，明确监理存在的目的和意义，才能应对风险，更好发展。

第三，贯彻全国住房城乡建设工作会议精神

2017 年 12 月 23 日，全国住房城乡建设工作会议在京召开。住房城乡建设部党组书记、部长王蒙徽提出了今后一个时期工作总体要求，并在部署 2018 年工作任务时强调：以提升建筑工程质量安全为着力点，加快推动建筑产业转型升级。加强与"一带一路"沿线国家的多边与双边工程标准交流与合作，推动中国工程标准转化为国际或区域标准，促进建筑业"走出去"。会议还强调要不断加强党的建设。持续强化思想理论武装，切实用习近平新时代中国特色社会主义思想武装头脑，更好地为群众服务。

我们要深刻领会全国住房城乡建设工作会议精神，不断加强党的建设、继续推动行业标准化建设，全面落实住房城乡建设部质量安全提升行动等各项工作，将与行业有关的各项要求落到实处。我们要认真分析政策形势，把握正确的行业发展方向，促进行业持续健康发展。

我们的工作任务已定，怎么落实，怎么同心协力把今年的工作做好，是我们要思考的重点。

最后，我提几点希望：

一是工作任务已定，如何落实是关键问题。我们要认清形势，结合本地区、本单位、本行业实际，一切从实际出发，有所侧重，有所发展，有所创新。我们要不断探索，不能"等、靠、要"，"规定动作"要做好，"自选动作"也不能忽视。希望各地方和行业协会将工作要点结合工作实际，制定完善各自的工作要点，在创新的基础上做好各项工作。

二是要认清改革发展大势。"十九大"报告指出要坚持全面深化改革，在经济社会处于变革期的

当下，我们要主动出击，有为有位。在当前经济新常态下，监理行业要不断适应改革发展形势，地方协会和行业协会要引导监理企业加强内部管理，创新发展方式，提高企业整体素质，依靠自身优质服务获得市场份额和报酬，在日益激烈的市场竞争中立于不败之地，实现存在的价值。

三是秘书长要发挥好重要作用。秘书长在社团中处于"中枢"地位，是行业中的"关键少数"，对协会工作有着至关重要的作用。秘书长们要充分担起责任，积极主动地开展工作。各位秘书长要将本次会议精神及时传达给各协会及会员单位，确保年度各项工作任务落到实处。

四是要讲究科学的工作方法，创建有效的工作路径。地方协会与我们的监理企业有更多的接触，更接地气，更有能力和条件做好上传下达工作。地方协会要做好政府主管部门与监理企业的桥梁，讲究科学的工作方法，创建有效的工作路径，寻求多种有效沟通机制，更好地做好各项工作。

五是要动脑筋想办法，切实做好会员服务工作。我们要充分发挥主观能动性，在合法合规的前提下，在行业内营造创优争先的良好氛围，鼓励我们的会员企业勇于进取、开拓创新。广东协会举办的"会员沙龙"，上海协会举办的各类讲座，都发挥了很好的作用，我们要办成会员之家，举办、参与更多的活动，更好地服务会员。

六是加强沟通，形成上下联动的良好工作态势。我们要加强与政府主管部门的沟通，及时了解相关政策信息，把握应对政策的主动性；加强与业主的沟通，及时了解业主需求，有针对性地引导会员，改进工作方式，在工作中取得实际的效果，在行业竞争中赢得业主认可；加强与兄弟协会的沟通，取长补短，集思广益，共同做好行业发展工作。

最后，各地方和行业协会在工作中遇到的问题和困难，可以向我们提出，我们会尽可能给予支持，共同出谋划策，为监理行业的健康发展群策群力，贡献力量。

中国建设监理协会的工作，离不开政府主管部门和地方协会、行业协会的支持，让我们共同携起手来，不忘初心，牢记使命，形成合力，为监理事业的健康发展共同努力！

中国建设监理协会2018年工作要点说明

王学军

中国建设监理协会副会长兼秘书长

为全面贯彻党的"十九大"精神和习近平新时代中国特色社会主义思想，落实《国务院办公厅关于促进建筑业持续健康发展的意见》(国办发〔2017〕19号)和《住房城乡建设部关于促进工程监理行业转型升级创新发展的意见》(建市〔2017〕145号)等文件精神，更好地服务会员，履行协会服务职能，进一步推动行业健康持续发展，协会秘书处根据行业实际情况，在征求地方和行业意见的基础上起草了《中国建设监理协会2018年工作要点》(以下简称《工作要点》)，经六届一次常务理事会讨论修改，现已印发，供同志们在工作中参考。下面我对2018年主要工作加以说明，供大家参考。

根据当前行业改革发展现状，我们坚持以问题为导向，立足当前、展望未来。围绕全面提升行业竞争力，着力推进行业健康发展，2018年重点做好以下工作。

一是紧跟建筑业改革发展，促进监理作用发挥。紧紧围绕供给侧结构性改革和住建部工作部署，着力推进行业转型升级创新发展。引导监理企业积极参与住建部开展的工程质量安全提升行动，认真落实《项目总监理工程师质量安全责任六项规定》和本协会对总监理工程师提出的十条要求，引导试点监理企业做好"向政府主管部门报告质量监理情况的试点工作"。密切关注和了解"全过程工程咨询试点"开展情况，为配合全过程工程咨询服务工作的推进，计划在第二季度召开"全过程工程咨询与项目管理经验交流会"。监理行业正在经历几个转变，如政府对监理正在从宽泛管理向严格管理转变；监理获取市场资源的方式正在从依靠政府、依靠关系向依靠市场、依靠能力转变；监理业务正在从施工阶段向工程建设全过程转变；监理服务取费正在从按费率取费向按人工取费转变。协会工作者要认识到这些转变，引导监理企业提高适应能力，顺应形势发展，提高监理人员综合素质，认真履行监理职责，促进监理作用的发挥。

二是完善诚信体系建设，促进行业健康发展。党和国家非常重视诚信建设。党的"十八大"提出社会主义核心价值观，其中就有"诚信"，十八届六中全会提出，坚持依法治国和以德治国相结合。国务院2014年6月印发《社会信用体系建设规划纲要(2014-2020年)》，2016年5月印发《国务院关于建立完善守信联合激励和失信联合惩戒制度 加快推进社会诚信建设的指导意见》，等等。住建部2015年建立了建筑市场监管与诚信信息一体化工作平台。有的地方政府已开展信用评价工作。诚信建设正在被大家普遍重视。为推进会员单位诚信建设，对失信行为处理有依据，在今年的《工作要点》中提出要积极参加地方政府部门开展的信用评价活动和研究制订监理行业信用管理办法。通过参加信用评价活动和制订信用管理办法，引导会员认真遵守《监理行业公约》《监理企业诚信守则》和《监理人员职业道德行为准则》，遵守市场规则，维护公平的市场秩序，诚实履行监理职责，促进行业持续健康发展。

三是组织开展行业发展30年宣传交流活动。自1988年国家推行监理制度至今已经30年，为振奋行业精神，鼓舞行业士气，计划以行业发展30年为契机，开展工作成果交流、主题征文、成果展示、课题汇编、突出贡献人物推荐等系列活动。中国建设监理协会计划10月召开监理创新发展暨30年总结交流大会，会上将举行回顾监理30年历程、展示监理优秀成果、表扬行业先进等活动，目的是弘扬监理行业正气，释放监理正能量，塑造监理良好形象，提高社会认可度。希望地方和行业协会开展多种形式的监理30年宣传交流活动，并积极配合支持中国建设监理协会30年回顾活动的开展。

近期，将开展通报表扬2016~2017年度鲁班奖获奖工程项目监理企业和总监理工程师的工作，请地方和行业协会按照中建监协[2018]19号通知要求做好核实报送工作。

四是推进业务培训、提高会员服务能力。监理是技术和管理复合性工作。目前国家仍处于快速发展和高质量建设时期，监理人才队伍建设无法满足项目增长的需要，为了满足市场需求，引进的人才有部分不是学工程建设专业的，要经过培训让这部分人掌握监理业务知识，以提高监理服务质量和落实国家先培训后上岗的要求。因此，依法合规开展监理业务培训，也是协会要高度重视的一项工作。为配合监理人员业务学习，协会将组织对个人会员业务学习网络课件内容进行完善；同时，继续分片区开展监理行业转型升级创新发展宣讲活动。通过培训、交流等活动，提高会员综合素质，尤其是业务工作能力，推进行业改革发展，实现企业转型升级。希望没有培训机构和培训协作单位的地方和行业协会，以与监理企业签定协议的方式推动监理人员培训工作。

五是开展行业课题研究，为行业发展提供理论支撑和工作导向。协会计划近期召开中国建设监理协会专家委员会第二次会议，完善专家委员会组织机构、补充调整专家队伍人员，为行业理论研究和标准化建设提供人才支撑。充分发挥专家委员会作用，组织专家积极完成工程监理企业资质管理规定及标准修订征求意见工作，努力协助主管部门做好建立监理工程师分级管理制度相关工作。紧跟市场形势和变化，开展行业需要、企业关心的课题研究。今年计划开展《建设工程监理标准体系研究》《工程监理资料标准》《会员信用管理办法》《装配式建筑监理工作导则》《工程项目监理机构人员配备标准》等课题研究，为行业的发展提供理论支撑和为监理工作开展提供工作规范。响应"一带一路"倡议，开展国际工程咨询行业调研和交流，吸纳和引进国际先进的工程咨询理念，提升监理行业的国际竞争力，希望地方和行业协会给予支持。

六是加强协会自身建设，提升服务能力。"十九大"报告指出，坚持党对一切工作的领导。协会要加强自身建设，做好服务工作，必须不断加强党的建设工作。协会要健全行业自律机制，提升为监理企业和从业人员的服务能力，拓宽服务项目，切实维护会员的合法权益。推进政府购买监理咨询服务，围绕监理服务成本、服务质量、市场供求等进行深入调研，开展工程监理服务收费价格信息采集和相关服务工作，促进公平竞争。及时向政府主管部门反映企业诉求，反馈政策落实情况，为政府有关部门制定法规政策、行业发展规划及标准提出建议。鼓励地方和行业协会建立个人会员制度，增强服务能力和水平，地方和行业协会按照"个人会员管理服务合作协议书"约定，对所属地区和行业的个人会员要加强服务和管理，如采集和录入个人会员的业绩、信用行为和业务学习情况，以备市场监管和企业发展需要。

同志们，中国特色社会主义进入了新时代，社会主要矛盾已转变为人民日益增长的美好生活需要和不平衡、不充分的发展之间的矛盾。监理在国家工程建设中为保障工程质量安全发挥了不可替代的作用，但发展中也遇到了一些困难，确实也存在一些阻碍发展的问题。我们要坚定不移贯彻新发展理念，清楚行业发展遇到和存在的问题，紧跟建筑业改革发展步伐，认清行业发展的方向，积极作为、主动担当，携起手来共同努力克服阻碍行业发展的困难和问题，引导行业持续健康发展！

中国建设监理协会第六届理事会工作安排

中国建设监理协会第六届理事会处于我国全面建成小康社会的决胜期，也处于实现"两个一百年"奋斗目标的历史交汇期。我们要全面贯彻党的"十九大"精神，以习近平新时代中国特色社会主义思想为指导，深入谋划新时代工程监理行业发展的新思路，牢记使命、勇于担当、主动作为。全面落实中央经济工作会议精神，按照《国务院办公厅关于促进建筑业持续健康发展的意见》（国办发〔2017〕19号）和全国住房城乡建设工作会议的要求，充分把握国家、社会、人民对工程监理行业的需求，抓住国家快速发展、供给侧结构性改革、建筑业管理机制改革、工程建设组织模式变革和服务方式变化等契机，努力开创新时代工程监理行业新局面。

第六届理事会将主要开展以下工作：

（一）深入学习贯彻党的"十九大"精神，学习领会习近平新时代中国特色社会主义思想的历史地位和丰富内涵，坚持以习近平新时代中国特色社会主义思想为指导，全面贯彻落实党中央、国务院决策部署，围绕住房城乡建设部中心工作，推动工程监理事业健康发展。

（二）引导行业创新发展。贯彻中央经济工作会议和全国住房城乡建设工作会议精神，推进行业供给侧结构性改革和监理服务方式变革。引导企业适应监理咨询服务市场化，建设组织模式变革和建造方式变化。按照《住房城乡建设部关于促进工程监理行业转型升级创新发展的意见》（建市〔2017〕145号），推动工程监理行业创新发展，提高监理企业专业化和全过程工程咨询服务能力和水平。

（三）进一步加强行业诚信建设。按照《住房城乡建设部关于印发建筑市场信用管理暂行办法的通知》（建市〔2017〕241号），引导会员单位积极参加政府部门开展的信用评价活动，健全行业自律机制，营造公平竞争的市场环境。积极推进行业诚信体系建设，鼓励和支持地方协会建立个人会员制度。研究制订会员信用管理办法，逐步提高行业的社会公信力。

（四）落实住房城乡建设部质量安全提升行动。按照国务院及行业主管部门提升工程质量相关文件精神，引导监理企业做好向政府主管部门报告质量监理情况的试点工作。按照《住房城乡建设部关于印发大型工程技术风险控制要点的通知》（建质函〔2018〕28号），督促监理企业严格落实监理法定职责，认真执行总监六项规定，充分发挥监理单位在工程质量控制中的作用，提升工程建设质量安全水平。

（五）进一步加强行业理论研究。紧紧围绕国家政策，针对行业重点难点问题，充分发挥专家委员会作用，深入开展理论研究，为行业持续健康发展提供具备前瞻性的政策储备和理论支撑。

（六）继续推动行业标准化建设。以推进工程质量管理标准化，提高工程项目管理水平为契机，推动行业标准体系建设，促进工程监理工作的量化考核和监管，使工程监理工作更加规范。

（七）深入推进行业信息化建设。推广BIM等现代技术在专业化监理和工程咨询服务及运营维护全过程的集成应用，努力实现工程建设项目全生命周期数据共享和信息化管理，促进工程监理服务提质增效。

（八）加强国际合作交流。协会要以建筑业"走出去"为契机，推动工程监理企业加快"走出去"步伐。鼓励工程监理企业抓住"一带一路"建设机遇，主动参与国际市场竞争，提升企业的国际竞争力。

中国建设监理协会2018年工作要点

2018 年是贯彻党的"十九大"精神的开局之年，也是工程监理制度实施 30 周年。中国建设监理协会 2018 年工作的总体思路是：全面贯彻党的"十九大"精神，以习近平新时代中国特色社会主义思想为指导，贯彻落实党中央、国务院决策部署，坚持稳中求进的工作总基调，牢固树立新发展理念，按照高质量发展要求，以供给侧结构改革为主线，推动工程监理行业创新发展，提高服务的专业化水平和多元化能力，谱写新时代中国特色社会主义建设新篇章，为决胜全面建成小康社会、全面建设社会主义现代化国家作出新的贡献。2018 年重点做好以下工作。

一、抓住改革发展形势，引导行业创新发展

（一）贯彻《国务院办公厅关于促进建筑业持续健康发展的意见》(国办发〔2017〕19 号)，围绕《住房城乡建设部关于促进工程监理行业转型升级创新发展的意见》(建市〔2017〕145 号)，深入开展调查研究，了解监理企业发展过程中遇到的问题和困难，及时向行业主管部门反映行业发展的突出问题和政策建议。推动解决行业人才匮乏等问题，配合政府有关部门，积极做好完善监理工程师管理制度的相关工作，促进行业健康发展。

（二）推动监理企业积极参加住房城乡建设部开展的质量安全提升行动。督促监理企业认真执行总监六项规定，按照《住房城乡建设部关于印发大型工程技术风险控制要点的通知》(建质函〔2018〕28 号)，认真落实监理法定职责。积极引导监理企业做好向政府主管部门报告质量监理工作的试点情况，发挥监理在工程质量控制中的作用，确保工程建设质量安全。

（三）引导试点监理企业做好全过程工程咨询试点工作。鼓励和支持有能力的监理企业开展全过程工程咨询服务，及时跟踪试点情况，适时总结推广试点经验。鼓励支持监理企业为市场各方主体提供专业化服务和"菜单式"咨询服务。支持中小监理企业为市场提供特色化、专业化的监理服务，努力推动工程监理行业多元化发展。

二、完善诚信体系建设，促进监理市场秩序稳定

（四）推动监理企业诚信经营和引导监理人员诚信服务，研究制订《会员信用管理办法》，不断推进行业诚信建设。

（五）引导地方协会配合地方政府建立健全建筑市场诚信评价体系，引导监理企业参加地方政府部门开展的信用评价活动，营造公平竞争、守法诚信的市场环境。

三、组织开展行业发展 30 年宣传交流活动

（六）组织开展行业发展 30 年宣传交流活动，鼓励地方协会开展多种形式的活动，交流行业发展成果，开展主题征文活动，宣传行业先进典型，展示会员风采，鼓舞行业士气。

四、搭建交流平台，加强会员教育培训工作

（七）组织开展工程监理企业全过程工程咨询服务与项目管理经验交流活动，引导企业更新观

念，提升服务能力和服务质量。

（八）完善个人会员业务学习网络课件内容，使学习内容与现阶段政策相适应。加强对个人会员网络业务学习的管理，保障学习效果良好。继续引导用人企业、地方和行业协会组织开展监理业务学习，并做好培训记录。

（九）继续分片区组织开展监理行业转型升级创新发展宣讲活动。指导地方协会开展区域监理工作交流等活动，促进监理行业信息交流与发展。鼓励和支持地方协会建立个人会员制度。

五、组织开展表扬活动，树立行业先进典型

（十）经主管部门同意，在会员范围内组织、指导开展表扬先进工程监理企业、优秀总监理工程师、优秀监理工程师、协会优秀工作者、诚信单位和个人的活动。

（十一）开展表扬参建 2016~2017 年度鲁班奖获奖工程项目监理企业及总监理工程师的活动。

六、加大行业宣传力度，促进行业健康发展

（十二）办好《中国建设监理与咨询》出版物，进一步扩大宣传效果。追踪行业热点、焦点问题，及时报道企业创新发展经验。

（十三）推广和完善协会微信平台，为广大会员提供及时的行业最新动态和互动交流。

七、完成好政府委托事项，做好监理工程师考试工作

（十四）做好 2018 年度监理工程师考试相关工作。

（十五）配合做好完善监理工程师执业资格制度相关工作。

八、开展课题研究，为行业发展提供理论支撑

（十六）发挥专家委员会的作用，开展《工程监理资料标准》《会员信用管理办法》《装配式建筑监理工作导则》《建设工程监理工作标准体系研究》《项目监理机构人员配置标准》等课题研究，促进行业规范化发展。

九、加强国际合作，开展国际行业交流

（十七）加强与境外相关机构的交流合作，抓住"一带一路"建设机遇，鼓励监理企业主动参与国际竞争，加快推进企业"走出去"步伐。

十、加强协会自身建设，不断提升服务会员能力

（十八）不断完善协会内部机制建设，强化自我约束、自我管理、自我发展能力。坚持秘书处全员定期学习制度，将党建工作、法律法规、政策、业务知识作为学习重点，以学习促实践，提高协会服务能力。加强协会分支机构管理，更好地发挥协会分支机构的作用。

（十九）修订完善《个人会员管理办法（试行）》。为个人会员提供免费网络业务学习服务，为会员搭建更多交流平台，提升协会为会员服务能力。

（二十）不断加强协会党建工作，切实把党的政治建设摆在首位。用习近平新时代中国特色社会主义思想武装头脑，发挥党员先锋模范作用，更好地为会员服务。按照《行业协会商会与行政机关脱钩总体方案》，修订协会章程，筹备成立监事会。

不忘初心　铭记职责

——广东省建设监理协会服务及活动情况介绍

李薇娜

广东省建设监理协会

近几年，是"互联网+"时代、大数据时代和智能科技时代高速发展的时期；对于企业，是调整步伐，致力转型升级，提升核心竞争力，迎接经济发展冲击和洗礼的时期；对于协会，是不断创新服务模式，提升服务质量水平，奋力再创佳绩的时期。

广东省建设监理协会在中国建设监理协会、广东省住房城乡建设厅和省民政厅的指导下，秉承"提供服务、反映诉求、规范行为"的宗旨，凝心聚力，求真务实、扎实工作，有力促进省建设监理行业健康发展。

一、以信息化建设为手段，创新服务新模式

（一）抓好网络信息传播。2016年10月，为进一步完善信息发布渠道，更好地服务会员和公众，协会开通了微信公众号，配合电话专线、QQ群、微信群等信息渠道，及时发布行业最新动态、文件通知、政策解读等新闻，打破以往的信息传播方式，让会员能更快速便捷地获取信息，抓住机遇及时调整企业经营策略。

（二）构建会员管理系统。2017年8月，协会开发建设的《广东省建设监理协会信息管理系统》正式投入运行。会员管理系统分为个人助理、协会日常管理、企业会员管理、个人会员管理和教育培训管理等五大模块，模块下还分若干子目录。企业注册后，系统上自动生成会员档案，会员可以在系统上查阅培训班、继续教育、免费讲座、交流会和考察活动等信息，并根据需求在系统上寻找相应的课件进行网络学习，大大提高了培训效率。

（三）维护会员合法权益。2017年5月，协会与律师事务所签订合同，组建常年法律顾问团队，为协会及会员咨询法律问题和办理业务提供平台，并不定期发布和行业、企业相关的法律常识，供会员单位参考。

二、以提升综合素质为目的，减轻企业负担促发展

（一）针对经济下行企业压力加大，协会陆续举办了"领导艺术与绩效管理""建设工程项目BIM技术应用""装配式建筑的发展与应用""综合管廊的相关政策和工程案例""企业经营法律问题研究""广东省房屋建筑工程竣工验收技术资料统一用表（2016版）宣贯""危险性较大分部分项工程监理要点"等免费专题讲座，组织会员赴综合管廊和装配式建筑工厂等项目现场观摩学习，既帮助会员减轻负担，又能提升会员的知识水平，广大会员单位对此好评不断，效果显著。

（二）2017年1月起，协会送关怀回馈会员，为入会满足年限的会员单位提供按比例返还会费的政策优惠。截止2017年底，共有122家会员单位受惠，返还会费303395.00元。

三、以解决问题为动力，积极作为树新风

（一）2016年5月，协会承接暂时停止实施工程监理企业乙级及以下资质行政许可后的行业自律管理，开展工程监理企业资信评级服务事项。通过资信评级电话专线、QQ群、微信群等沟通渠道，安排专人负责接收与回复信息，对企业申报资信评级过程中遇到的系统操作、资料填写、数据调用、注册人员填报等问题，及时进行协调处理，并整理企业申请资信评级过程中的一系列"常见问题"清单，供企业参考。

（二）2017年12月，省住建厅发布了《广东省住房和城乡建设厅关于广东省建筑市场监管公共服务平台业绩补录工作的补充通知》（粤建市函〔2017〕3505号）。由于业绩录入与监理企业晋升资质息息相关，为保障监理企业利益，协会多次发布关于业绩补录工作的信息进行温馨提示，让企业及时了解信息录入的重要性和紧迫性，同时不遗余力跟省住建厅和省建设信息中心沟通协调，一方面解决录入时间延长的问题；另一方面解决提交审核资料的复杂性问题，为企业顺利完成业绩录入工作保驾护航。

（三）在会员单位反映一级建造师不能顺利转注、企业外出经营未加盖备案章受阻、资信评级证书与资质证书衔接等问题后，协会应会员所需，提供"贴心式"服务，积极拿出具体解决方案，主动与相关主管部门协商沟通，取得了较好效果。

四、以调查研究为主线，积极献策促发展

（一）2017年共完成了住建部关于《危险性较大的分部分项工程安全管理规定（征求意见稿）》《广东省人民防空办公室关于两部人防工程建设管理规范性文件征求意见的函》《广东省住房和城乡建设厅关于征求全过程工程咨询试点工作实施方案意见的函》《广东省工程建设领域用工实名制管理办法》《广东建设领域诚信体系研究报告》和《广东省住房和城乡建设厅关于贯彻落实＜住房城乡建设部关于促进工程监理行业转型升级创新发展的意见＞的实施意见》等若干份法律法规、规章和行业标准的征求意见或起草工作，根据企业提出的意见和建议，结合实际情况形成报告向有关单位建言献策，发挥桥梁纽带作用。

（二）2016年9月~2017年3月，协会受省住建厅委托，开展《广东省建设工程监理条例》（以下称《条例》）的立法后评估工作。《条例》的修订，从规范建设工程监理活动，提高建设工程管理水平和工程效益，保障建设工程质量等方面

都起到了积极作用，也关乎广东省监理行业的健康发展。协会积极向省住建厅提交了《条例》的修订说明，省住建厅予以采纳，并列入立法计划上报省政府。

（三）围绕监理服务成本、服务质量、服务模式、市场供求状况等进行深入调查研究，及时向政府反馈行业情况和会员诉求，努力寻求解决办法。2018年起将每年召开各地市监理协会工作会议，加强交流，研究监理服务成本价，探索如何更好地发挥行业协会作用。

（四）为合理确定广东省建设工程监理行业各类监理人员的消耗量（工日）水平，采集真实数据，着力推进《监理服务工作标准和成本消耗定额》课题研究。

（五）为厘清行业的改革思路，促进企业健康发展，认真研究及充分评估旁站制度及质量安全上报制度对监理企业的影响，对全过程工程咨询中推行建筑师负责制的利弊等问题进行调研。

（六）稳步推进《工程监理在粤港合作中相关法律法规差异性研究——以粤港屋宇维修为例》课题，进一步深化粤港合作。

五、以沟通交流为契机，引领企业"走出去"

（一）搭建行业交流平台。为提升服务质量和服务水平，加强行业间交流，更好地进行自身建设，两年来，协会积极组织会员单位进行考察交流，累计达18次，参加的会员达1300人次。分别与云南、贵州、重庆、湖南等省和广东省部分市级监理行业协会进行交流学习，并实地考察了贵州桥梁科技馆、坝陵河大桥、北盘江大桥、肇庆新区综合管廊、远大装配式建筑项目和装配式工厂，开阔了视野，增长了见识。考察期间，就行业自律、

打压低价竞标、政府购买服务、监理服务收费标准以及推进全过程工程咨询等问题进行了深入探讨，营造好的学习氛围，取长补短，共同提高，助力企业转型升级创新发展。

（二）深入推进粤港咨询合作。为推进粤港两地咨询企业在工程咨询领域深入合作，协会组织了5次赴港考察活动，香港测量师学会也5次率队到粤进行交流和观摩。

2017年11月，协会承办的内地注册监理工程师和香港建筑测量师互认十周年回顾与展望暨监理行业改革与发展交流会在广州召开，来自各省（市）、自治区建设监理协会负责人，内地和香港参与互认的注册监理工程师、建筑测量师，业内专家学者及业界代表共280余人齐聚一堂，纪念内地注册监理工程师和香港建筑测量师互认十周年，展望监理行业的改革与发展。本次交流会上，经过协会和香港测量师学会双方努力，搭建粤港两地合作平台，促成了内地18家企业与香港15家企业签订了《粤港两地咨询企业合作框架协议》，预示着两地合作的又一崭新开始。

2017年12月，协会在省住建厅和中联办的指导下，联合广东省8家行业协会、香港5家学会（商会）和"思筹知路"智库在香港举办"分享经验、携手'走出去'"交流会。粤港两地行业协会（学会）和企业代表约240人出席会议。协会和香港测量师学会签订了《深化粤港咨询业合作框架协议》，进一步推进粤港两地咨询企业在工程咨询领域开展广泛、深入的合作，为携手"走出去"夯实基础。

行程万里，不忘初心。"提供服务、反映诉求、规范行为"是协会一直以来的宗旨，不论提供的服务再繁复，模式再多变，我们都一如既往地坚持宗旨，坚持初心不变。

依靠业务主管的重视与支持是行业健康发展和协会搞好服务的根本保障

——山西省建设监理协会工作介绍

孟慧业

山西省建设监理协会

近年来，山西省建设监理协会在同省住建厅脱钩后，积极争取各级政府主管重视监理取费市场低价中标、恶性竞争、秩序不良的扼制工作，现汇报如下：

一、政府主管为规范监理市场连打"组合拳"

省住建厅近年对维护山西省监理取费秩序、规范企业市场行为工作高度重视，陆续委托山西省建设监理协会调研、研讨、起草多个文件，为监理行业健康、持续、有序发展打出系列"组合拳"，主要文件有：

（一）2017年4月，省厅组织开始重新修订原《山西省房屋建筑和市政基础设施工程监理招标评标办法》，值得高兴的是，这次修订的《评标办法》，将省监理、省建设工程造价管理、省建筑业协会建设工程招投标三协会于2015年9月发布的《山西省工程监理费计费规则（试行）》作为基础，把《规则》的核心内容、计费参数（协会又积极努力，在原基础上有所提高）纳入《评标办法》规定的报价范畴，并明确规定"招标人设定的最高投标限价和投标人的投标报价应参照监理行业计费规则确定"。经过半年多的反复研讨、修改等工作，目前，《评标办法》已正式上报省政府法制办，有望不久出台。

这个文件出台，虽然讲，计费标准高于国家发改委、原建设部《建设工程监理与相关服务收费管理规定》文件基调幅度不算很大，但从政府的角度能给监理取费起码倡导了一个相对稳定的价格范畴，便于各方有据可依，更便于有效规范市场。对于思想相对不够解放、经济尚不够发达的山西监理行业来讲，也为幸事：

一是政府主管依据协会《计费规则》出台一个规范性文件，无疑给行业的发展打了一支"强心剂"。

二是政府主管对监理无序的取费市场加强了扼制的力度，竞争明显指向公平、公正，增强了企业自律信心和协会工作能力。

三是相对于过去的无度低价，企业的利润空间有了一定的保证。行业的同志称：省住建厅《评标办法》的出台，实际上是给行业发了一个大大的"红包"。大家说："政策和氛围是行业发展的坚实后盾，诚信与自律是企业做强不可或缺的。"

（二）2018年1月3日，厅市场处又委托协会起草《山西省房建和市政工程项目监理人员配备管理规定》，协会立即行动：

1. 当即收集兄弟省市资料并连夜安排，挑选3名熟悉政策、经验丰富的专家思考、起草文稿。

2. 初稿完成后，同时转发给13名专家广泛征求意见。

3. 1月底，又连续组织两个不同层面的12名专家座谈研讨，对《管理规定》（讨论稿）反复修改。由于协会安排由项目一线的专家起草，所以《管理规定》务实际、接地气、顺企意，其亮点主要在项目人员配备数量上做了优化，上半年有望出台。

（三）2018年2月23日，住建厅又安排协会代厅起草《山西省建筑市场主体信用信息管理办法》和《监理企业、监理工程师信用等级评定标准》，几位专家在起草、讨论、修改过程中，多次与主管处室领导面对面探讨《管理办法》如何科学地体现公开、公平、公正原则；如何与《监理企业资质管理规定》《工程监理企业资质标准（征求意见稿）》有效结合；如何对守信激励、失信惩戒作特别强调。同时，参照外省的打分标准，结合山西省实际一遍又一遍地科学精算，经一个多月的反复打磨，现《管理办法》（讨论稿）已上报省住建厅。

如果这几个文件今年全部出台，加上企业自律和协会再制定配套举措，相信一定会为山西监理健康发展的新征程助力。

二、通畅的沟通桥梁取决于平时的添"砖"加"瓦"

近年来，山西省建设监理协会能在省厅与企业、政府与市场之间有效搭建沟通与协调双服务的桥梁。协会工作通顺、服务有效，主要得益于政府主管部门的大力支持。政府是否信任就体现在给不给你平台、能不能让你深层履行分内职责。可以说，给你交办的工作越多，越体现出协会的工作能力、工作成效，政府信任的叠加、各方的认可和行业发展的潜能。

通过这么多年工作我们感到：行业发展离不开政府的政策扶持，协会服务更离不开主管部门的支持。因此，在工作中，我们十分注重：

1. 只要政府交办的工作，高度重视、立说立行。

安排工作不过夜；组织专家优中选优；工作方法多路并进，工作效果追求卓越。用我们的忙、苦、累，换来主管部门感受到：交办协会工作还行，还能靠得住，能办好，比较放心。且这种感觉越来越强烈、印象越来越深刻，那我们就忙得有效，累得有乐。

2. 平时工作十分注意修"桥"铺"路"。

有时往往我们期盼政府主管部门做某些对行业发展有利的工作，但主管部门由于方方面面的原因，不一定顾得上做、不一定理解需要做，这就要看协会平时在协调工作上的方方面面、点点滴滴。

首先，思想上必须确立"主管是行业发展、协会工作的坚强后盾"意识。特别是和主管部门脱钩以后的行业协会，有了这种意识，位置才能摆正、行为才能有序、工作才能不走弯路、效果才能突显，正如：脱钩后，2017年4月中组部、财政部等在协会调研时，唐会长汇报讲到的："脱钩不脱管、脱钩不脱情、脱钩不脱责，协会脱钩犹如'嫁出去的姑娘''血缘'关系和根还在娘家，行业管理部门仍是住建厅……我们还是要一刻不离、紧紧依靠省住建厅。"

其次，责任至上，功在平时。比如住建厅《山西省房屋建筑和市政基础设施工程监理招标评标办法》即将出台，基于协会2015年联合三协会下发的《山西省工程监理费计费规则》，在当时有难度、有风险、缺共识的时候，我们为行业发展冒风险、担责任、敢引领、统思想，反复测算，联合"造价""招投标"三协会合力下发。

第三，紧抓不放，乘势而上。《计费规则》出台后，我们又抓住住建局领导比较重视、有积极性，地域相对较小的阳泉市成为推行试点成功的典型，协会不失时机、调研引导、表扬汇报、宣传造势，并将阳泉市监理推行《计费规则》的明显变化向厅分管领导多次汇报。如全市监理企业营业收入2017年较2016年增比提高17.43%，签订合同额增比提高65.74%；人均营收较上年增比提高20.21%；人均工资较上年增比提高35.78%。有的企业中标项目翻了1倍，有的企业中标价较上年翻了13倍。两年来，阳泉市监理取费市场比较规范，监理企业效益也大为增长。省住建厅分管领导在各市住建局同志参加的协会四届六次大会上讲："积极推行《山西省工程监理费计费规则》，学习阳泉经验。从住建厅角度表态，给予支持，监理、勘察、设计不能低价中标。协会有责任也有义务，为这个市场制定市场游戏规则，为了一个行业的良性发展，政府主管部门应该积极支持。阳泉能做起来，能搞起来，其他市也应该搞起来。这方面搞得好，在其他的领域也应该学习。"如果没有平时的一系列铺垫、没有住建厅领导的高度重视与充分肯定，没有协会一环扣一环的紧抓措施，《山西省房屋建筑和市政基础设施工程监理招标评标办法》难以如愿尽早促成。

3. 心态放平、桥梁通畅。

山西省住建厅院内有一座社团楼，退下来的领导很多都在社团楼工作。各协会领导的应该说发生180度变化，从原来的"领导别人"，变为"受别人领导"。甚至大量的是要低下身段同相关部门沟通和协调。所以到协会工作的主要领导必须心态放正、位置摆平，正如：在纪念协会成立20周年时，协会领导讲的："为了行业发展，曾当过领导的'官架'可放下，'颜面'可不顾，个人'小尊严'要给行业发展大格局让路，奔波也罢，恳求也行，因为不是私利，只为履职尽责，只为行业、企业；平台虽小、竭尽全力、自找活干、自加压力、不求回报、不图利益……。"有了这种心态，自然

会高高兴兴地带领大家向主管部门主动反映、勤于汇报、积极建言，有时还得委曲求全。让政府主管部门了解企业的诉求、理解行业的困境、体谅协会的良苦用心，愿意真诚地支持行业协会开展工作，效果就会更好。

以上是我们就争取主管部门支持工作方面的思考与点滴，但离兄弟省市协会工作差距较大，沟通协调任务还任重道远。

今年，山西省建设监理协会工作重点将以"十九大"精神为指引，在省民政厅、住建厅和中监协领导下，以习近平新时代中国特色社会主义新思想、新目标、新内涵、新征程为方向，为推动山西省工程监理事业健康有序发展再作新的贡献！

借此机会，我们还有两点不成熟建议：

一是恳切期盼中监协新一届理事会继续重点思考解决行业人才匮乏问题，积极向住建部、人社部等部委反映、协调，能否像"中国建设工程造价管理协会"那样，将造价员通过考试，变为二级注册造价师。在难度较大情况下，能否为行业努力一下，比照建造师、造价师等，将专业监理工程师变为二级注册监理工程师，这样就可为全国的监理办一件大好事、大实事。

二是目前中监协个人会员分为：荣誉会员、资深会员、普通会员和一般会员，但现阶段工作主要体现在普通会员这个方面，建议在会员档次、承担任务层面等方面作合理安排。

以上汇报及不成熟建议、不当之处，请领导与兄弟协会批评指正。

践行服务新理念　开创行业新格局

——上海市建设工程咨询行业协会工作介绍

徐逢治

上海市建设工程咨询行业协会

党的"十九大"于 2017 年底胜利召开，标志着中国特色社会主义进入了新时代，在党和国家发展史上具有重大里程碑意义。党的"十九大"报告作出坚持全面深化改革的明确宣示。习近平总书记在报告中特别强调，我们必须在理论上跟上时代，不断认识规律，不断推进理论创新、实践创新、制度创新、文化创新以及其他各方面创新。学习贯彻党的"十九大"精神，深刻领会习近平新时代中国特色社会主义思想的精神实质和丰富内涵，在各项工作中全面准确贯彻落实，聚焦新使命，进一步加强社会组织建设，夯实服务管理能力，发挥行业治理作用，是上海市建设工程咨询行业协会今后一段时间的工作重点。

一、行业协会基本概况

上海市建设工程咨询行业协会，成立于 2004 年 3 月，是由在本市从事建设工程监理、工程造价、工程招标代理、工程咨询以及建设全过程项目管理等咨询服务的建设工程咨询、工程顾问类企业，以及其他相关经济组织、高校、科研单位等自愿组成的非营利性社会团体法人，也是全国首家集工程监理、工程造价和工程招标代理为一体的建设工程咨询行业协会。

截至 2017 年底，协会有会员单位 433 家，其中具有工程监理资质的企业 186 家，具有工程造价咨询资质的企业 175 余家，具有工程招标代理资质的企业 163 余家，行业覆盖率达到 90% 以上。协会实行理事会领导、监事会监督下的会长负责制，下设工程监理专业委员会、造价咨询专业委员会、招标代理专业委员会、项目管理委员会、专家委员会、自律委员会、信息化委员会、行业发展委员会、法律事务委员会共 9 个委员会。

协会多年坚持在理论研究探索、培养专业人才、搭建交流平台、参与政府服务、弘扬模范先进、履行社会责任等方面努力开展工作，为推动行业持续发展积极发挥作用，取得了长足的进步。

二、行业协会工作重点（监理和项目管理）

据国务院办公厅印发的《关于促进建筑业持续健康发展的意见》（国办发〔2017〕19 号）（以下简称《意见》）以及住建部近期的改革要求，从深化建筑业简政放权改革、完善工程建设组织模式、加强工程质量安全管理、优化建筑市场环境、提高从业人员素质、推进建筑产业现代化和加快建筑业企业"走出去"等7个方面提出了20条措施，进一步明确建筑业改革方向。协会着力提升行业水平、树立行业地位，致力于打造"四平台一体系"，主要开展了以下工作：

（一）建立研发平台，提升科技创新能力，完善行业标准体系

1.《意见》提出完善工程建设标准，积极培育团体标准，鼓励具备相应能力的行业协会制定满足市场和创新需要的标准。协会对于现代科学技术与管理理论的发展始终保持着密切的关注，不断加强理论研究和实践探索，持续推动行业标准化建设。在过去几年间，协会先后参与制定并修订《建设工程监理施工安全监督规程》《建设工程招标代理规范》《建设工程造价咨询规范》《建设工程项目管理服务大纲与指南》等多部地方性标准，对提升行业服务能力，提高政府监管效力，营造公平竞争环境起到了一定的促进作用。

2. 我国经济发展条件和环境不断转变，建筑业改革相关政策密集出台，行业形势的急剧变化使我们面临着一系列亟待研究与解答的新课题。协会注重行业调查研究，牢牢把握行业转型发展的新特征、新常态，积极探索行业科学进步之路。协会参与住建部《推动全过程工程咨询服务体系、政策研究》课题，组织监理、勘察设计企业座谈会，持续关注行业内政策变化和企业呼声，同时负责组织境外相关标准翻译工作，为课题的深入研究作参考；主持《新常态下，建设工程监理服务计费研究》《推进中国工程顾问国际化战略研究》《BIM 技术在上海工程管理中的应用研究》《经济新常态下中小企业的转型与发展》《工程监理人员成本费率法实施方法研究》《建设工程项目监理服务标准化研究》等课题。

3. 随着政府职能的转变，政府购买服务的需求增多，以加强和创新社会管理；协会与政府紧密合作，为政府提供专业化、多元化、个性化的公共服务，可以有效提升政府对行业的监管效益，当好政策推手。近两年，协会组织《危险性较大的分部分项工程安全管理办法》《关于住宅工程质量潜在缺陷保险的实施细则》《上海市建筑行业行政审批制度改革总

体方案》《上海市实施建筑工程施工监理报告制度的若干规定》等法规及政策性文件研究编写或讨论提议；开展本市建设主管部门委托的《监理体系化安全监督研究》《安全监理台账管理研究》等课题研究工作，编写《上海市建设工程市场行为执法手册》；参与行业的发展研究和规划，参与编写由上海市住房和城乡建设管理委员会主编出版的《上海市建筑业行业发展报告》，为行业可持续发展提供策略支持。

（二）建立培训平台，打造精英人才队伍，提高专业服务水平

1. 扎实做好基础从业人员职业培训。

从业人员的职业素质是咨询行业得以立足以及持续发展的关键因素，代表了整个行业的服务水准并决定它的社会地位，因此，指导和开展行业基础从业人员的职业培训教育工作是协会的重要职能。协会持续开展上海监理师、监理员的培训管理工作；配合中国建设监理协会开展个人会员在上海的入会申请及日常管理工作，在吸纳会员方面发挥了较好的作用，成功推荐了 4437 名个人会员；为注册执业人员服务，保证继续教育质量，面向会员单位开展注册监理工程师继续教育面授培训，为企业解决实际困难。

2. 积极开展多元化专业类讲座。

随着科学技术的飞速发展，为了适应施工技术、管理模式、节能环保、城市更新等方面的发展需要，不断涌现的新技术与新材料对建筑业产生了巨大的推动作用，同时也带来许多问题与挑战。为使本市工程咨询行业了解熟悉建筑行业的新技术、新工艺，掌握新的融资模式、建设组织方式，熟练应用高科技管理手段，不断适应市场变化和制度创新，协会引导会员企业培养和提升市场竞争能力，促进企业加快转型升级，积极做好变革管理的宣传引导和新技术、新工艺的推广培训。协会开设"上海建设工程咨询大讲坛"系列讲座，介绍行业新形势、解析新政策、分享实践经验，每季度举办包括"国际建设管理的研究对我国建设管理领域全面深化改革的启示""法务工期分析技术在'一带一路'项目应用案例分析"等专题讲座；开展BIM技术基础技能、装配式建筑、三维地理信息系统等培训；加强新颁政策标准的宣贯培训，开展《上海市建设工程招标投标管理办法》宣贯培训，组织工程监理电子招投标试点项目交流会和上机操作培训；配合监管部门开展监理执业人员安全专题培训，等等。

3. 探索高层次人才系统培养功能。

随着"一带一路"倡议的提出，以及供给侧改革的需要，海外市场的巨大前景为国内建筑业带来了新的希望和机遇，中国建筑业正逐步走向国际舞台，如何为国际市场输出"既有国际视野又有民族自信""具有国际水平"的精英人才是当前需要探索的重要课题，行业亟待培育出符合国际水准、能够在国际市场上竞争抗衡的精英人才。协会在先行修订《建设工程项目管理服务大纲和指南》的基础上，研究制定建设工程项目管理培训课程计划，研究明确项目经理的知识结构，编写课程大纲及培训教材，拟在 2018 年开设项目经理班和总裁班。

（三）建立交流平台，加强国内国外同行交流合作，拓展国际视野

1. 加强本地区专业人士、企业、行业以及政府部门之间的交流。

落实监理会员企业块组活动制度，深入服务会员企业，加强行业沟通交流，构建分级管理联络网，通过定期活动宣贯传达建设主管部门的法规政策和行业协会的自治管理要求，促进本市监理行业广泛沟通和深入交流；搭建"总师会"交流平台，加强企业间技术骨干的专业交流；加强与企业之间的交流，在部分大型企业、科研机构中设立协会技术交流中心；建立与建设主管部门的工作联席会议制度，及时自下而上反映行业企业困难及诉求，寻求政府部门的支持，保持良好的沟通渠道。

2. 加强与中国建设监理协会的沟通，深化与各省市兄弟协会区域交流。

承办中监协在上海召开的全过程工程咨询试点工作座谈会；组织企业参加工程监理企业信息技术应用经验交流会、转型升级创新发展宣讲活动、内地注册监理工程师与香港建筑测量师互认十年回顾与展望暨监理行业的改革与发展交流等活动。参加区域建设监理协会工作联席会、苏浙沪监理协会秘书长工作交流会等。

3. 以国家的"一带一路"倡议为契机，积极推进行业国际交流。

协会注重企业的"走出去"发展，引导会员企业面向国内国际两大市场，以论坛、讲座、研讨、座谈等形式，开展多元化、多方位的合作交流，扩大国际化视野。积极举办国际论坛及其他交流活动，实现本土工程咨询行业理论实践探索与国际理念经验的思想碰撞，为国内外行业企业、专家学者搭建交流平台，促进合作共赢。与美国成本工程师协会 AACE、英国皇家特许测量师学会 RICS、英国皇家特许建造学会 CIOB、英国项目管理协会 APM 以及中国香港测量师学会 HKIS 等境内外专业组织机构保持长期战略合作关系。

（四）建立信息化平台，筹备行业数据库建设，提升行业地位

1. 受相关管理部门委托开展年度上海市建设监理统计工作。

每年组织督促全市 200 多家企业按要求报送，对填报数据进行初步审查，确保统计数据的准确性和真实性，保障本市统计覆盖率每年达到 95% 左右，为监理行业发展状况分析和规划提供研究依据。

2. 开展本市项目管理业务状况调研。

为研究项目管理业务在建设行业推进过程的问题和难点，结合行业现状，提出有效的建议，促进项目管理行业健康发展，协会于 2017 年 8~9 月在会员单位中开展上海市建设工程项目管理业务状况调研。调研内容包含近两年承揽项目管理业务情况、开展项目管理的模式领域、项目管理从业人员结构及素质、企业须具备的能力、开展项目管理业务的难点与障碍，等等。

3. 开展关于全过程工程咨询和项目管理的项目调研。

协会于 2017 年底，针对本市部分大型工程咨询企业开展了关于全过程工程咨询和项目管理项目的调研，共调研了 16 家工程咨询企业 2016 年至今承揽的 167 个项目，梳理全国以及各省市 2016 年至今发布有关全过程工程咨询以及项目管理的管理性文件，为本市建设主管部门开展全过程工程咨询试点工作、起草试点方案做好摸底调研工作。

4. 参与编写《上海市建筑业行业发展报告》。

汇总上海市建筑建材业管理部门和近 20 家建筑领域行业协会的统计数据，借鉴住建部、上海市发展和改革委员会、上海市统计局等部门的数据，分析本市建筑业行业发展状况，包含政府的管理思路、专业行业的分析以及典型企业的发展情况等，全面反映年度上海市建筑行业的面貌，对下一年度发展和行业管理思路进行思考和展望，至今已出版

2015 年、2016 年两版。

（五）完善诚信体系建设，强化行业自律管理，树立行业形象

1. 开展行业先进企业和优秀个人评选活动。

协会两年一届评选本市行业先进企业和优秀个人，激励争先创优意识，宣传本市工程咨询行业的良好形象，促进队伍整体素质的稳步提高。同时配合上海市住建委、交通委等有关部门开展其他相关评优工作。

2. 开展创建示范监理项目部活动。

创建示范监理项目部活动以树立模范典型为手段、激励从业人员提升工作质量和服务水平为目标、发挥工程监理作用为宗旨，旨在打造一批业内具有代表性的优秀行业标杆。该项活动已连续开展六届之久，"示范监理项目部"如今已然成为我们协会的监理专业品牌，在行业内外以及市场上的影响力日趋壮大，企业参与的积极性也在逐年提高。创建活动帮助监理企业加强自我建设，指导项目部规范服务，引领先进的专业技术和管理手段的总结示范，带领行业共同提高。

3. 征求行业对"在沪建设工程监理企业信用评价"制度的意见建议，向住建委建言。

随着国家深化建筑业简政放权改革、优化资质资格管理的要求，为建立统一开放市场，依法依规全面公开企业和个人信用记录，为建筑业企业提供公平公开的市场环境。本市自 2016 年起实行在沪建设工程监理企业信用评价制度，实施已有两年，过程中遇到一些问题或者企业反映的意见，协会听取企业意见，与建设主管部门积极沟通。

（六）协会自身建设

1. 加强组织领导，健全工作机制。

积极组织调研工作，由会长带队走访了 10 多家业内龙头企业，充分调研，听取意见和建议；健全会议制度，定期召开会长会议、监事会会议、专家顾问咨询会以及委员会工作会议；完善组织机构，健全协会委员会机构设置和工作职能；开展职工业务能力培训，全面提升协会的管理水平和服务能力。

2. 夯实党建基础，发挥引领作用。

协会把学习贯彻党的"十九大"精神作为社会组织政治生活中的头等大事和首要任务。在推动自身业务发展的同时，协会以"十九大"精神为统领，准确把握社会组织党组织的功能定位和基本职责，聚焦新使命。不断加强和改进协会党的建设工作，着力强化党的组织和党的工作"两个覆盖"，不断夯实党建工作体制机制，充分发挥党组织政治核心作用和党员的先锋模范作用，推动社会组织在行业治理、社会服务中发挥更大的作用。2017 年协会还根据脱钩改革相关要求完成党建关系脱钩，并完成了新一届党组织的换届改选。

三、行业协会近阶段工作设想

一是加强政策研究，把握行业发展方向，整合行业专家库资源，建立行业智库。

二是加强课题研究工作，完善行业标准体系，开展行业有关服务标准、取费标准的研究，发布新版的《建设工程项目管理服务大纲与指南》。

三是大力开展各类专项培训，切实提高专业服务水平，开展针对项目经理、项目负责人的相关认证培训；打造精英人才队伍，研究针对新一代企业家的培养课程，开设"优秀青年企业家研修班"。

四是加强交流合作，建立与国内外相关协会、学会等专业机构交流协作的平台，定期组织会员企业考察调研。

五是加强针对个人的交流平台，筹建上海市建设工程咨询行业执业人士服务部，致力服务行业专业人士；筹建上海市建设工程咨询行业青年会，搭建行业青年人才交流平台。

六是开展行业研讨及论坛，组织"纪念改革开放 40 周年"暨"建设监理推行 30 周年"系列活动，举办项目管理、全过程咨询、PPP、"一带一路"等小论坛或研讨会。

七是加强信息化建设，开展行业统计及信息化调研，发布行业年度发展报告，发布信息化工作指南。

八是研究开发协会移动端管理软件，在做好微信公众号的基础上推出协会 APP，实现与个人手机交互的信息化管理。

九是加强行业自律建设，完善诚信体系，开展业内有关企业的信用评价研究，并逐步实行执业人员的自律登记制度。

十是加强党的领导，加强协会自身建设以及行业文化建设，努力打造一支年轻化、专业化的队伍，更好地服务企业、服务行业。

浅谈大型机场项目监理单位材料管理

张　威

上海建科工程咨询有限公司

摘　要：我国的经济水平不断提升，发展速度越来越快，现有基础设施已不能满足经济发展需求，基础设施建设是"十三五"规划的重点内容，近几年政府对机场等基础设施的建设投入大量资金。机场建设涉及专业多、体量大，对材料要求较高，业主及政府相关部门对建筑工程使用材料重视程度高，而建筑工程使用材料的复杂性、材料进场的零散性造成了监理对材料控制的难度较大。本文章从监理角度出发对大型机场工程材料的管理，浅谈其材料管理的相关措施。

关键字：大型机场　监理　材料管理

本文以材料质量管理为主线，阐述在建筑工程施工过程中材料管理的常见问题，从大型机场工程材料复杂性分析、做好材料进场与送检的监理控制、做好进场材料的管理制度控制等三个方面简述大型机场项目监理单位对材料的管理。

一、大型机场工程材料复杂性分析

材料管理的主要目的，就是以较好性价比的材料满足施工和生产的需要，并在过程中控制材料的质量和数量，把工程和产品的材料成本控制在最低的区域范围。目前，建筑工程材料管理中存在的许多问题，主要有以下几个方面：一是部分施工单位材料管理人员业务水平不高，对具体应该做的工作程序不熟悉，有些甚至不能适应大型机场工程管理的需要；二是有些材料进场甚至经过暗箱操作，对材料验收把关不严，施工人员私自使用非指定品牌的材料；三是材料储存保管中不注意防火、防盗、防潮等安全防范；四是材料堆放零乱，无明显标识卡片、标记等，未对材料进行盘点，造成材料混乱使用与丢失。大型机场工程施工过程中每日都有大批量材料进场，大型机场工程涉及专业多、材料种类多、材料使用体量大、不同界面交叉施工难度大；监理在施工工程中对材料的管理难度大，材料管理工作较为复杂。因此，在施工过程中业主及主管部门对监理的材料管理也十分重视。以下从大型机场工程材料种类多样性、大型机场工程材料体量规模、相同界面材料施工交叉性三个方面分析大型机场工程材料的复杂性。

（一）大型机场工程材料种类的多样性

大型机场工程施工过程中涉及专业较多（如：土建、钢结构、安装、幕墙等），在不同施工阶段有各种不同的材料需要进场以及同一阶段有多个专业材料进场，因此监理单位对材料的控制尤为重要，材料的好坏从根本上决定了施工质量是否达标，使用不合格的材料即使工程做得再好，工程的质量也无法合格。工程施工时一般由于工期紧张，粗装修、精装修、钢结构吊装、安装施工、幕墙工程施工会同时进行，在此阶段过程中监理的见证取样员难以对工程材料进行控制，一般要求每个专业应配备相应人员配合材料员对进场材料进行控制。而在此施工阶段每天进场材料多达几十种有时甚至超过百种，对监理单位而言，材料的进场验收与送检工作尤其复杂。

（二）大型机场工程材料体量大

大型机场工程施工一般分为多个施

工段同时施工，因此，现场同一施工阶段进场同种材料体量较大，对于每个施工段进场的材料皆需要监理的材料员进行材料的进场验收与送检。例如：钢筋而言，为满足现场多施工段同时施工要求有可能同时使用多家品牌的钢筋。而对于钢筋使用要求具体到每批钢筋从加工到使用每个部位，加大了材料管理的难度。同时由于施工现场环境所限制，现场无法堆放过多材料，所以材料进场须分多个施工阶段多次进场。

（三）相同界面材料施工交叉性

在工程土建施工完成后会出现粗装修、精装修、钢结构吊装、安装施工、幕墙工程等同时进行施工的情况，在此施工阶段不同专业在不同的施工界面会出现交叉施工，而在交叉施工过程中材料的进场与控制也同样较为烦琐。此过程中涉及多个施工段、多专业工程共同施工，材料也同样多品种、多批次进场与送检。同一个界面会出现多种多样的材料，对监理单位现场材料控制也尤为困难。

二、做好材料进场与送检的监理控制

在大型机场工程开工前，监理单位要组织审查施工单位各分部工程阶段主要材料需要用量表和主要材料进场计划，搞清楚在各分部工程中所需要材料的品种、规格和数量，做好相应阶段材料施工单位及监理单位须送检品种与数量统计。由于机场工程专业多、体量大的特性，要求监理单位在材料管理方面也要有独特的方式才能保证机场工程材料的质量。针对机场工程体量大分区域进行材料的进场与送检控制。又由于机场施

工工期较紧，周边交通限制性较大，不同时间段皆有材料进场，要求材料控制须分时进行控制。下面将从材料进场与送检的分区、实时监理控制两个方面来分析大型机场工程材料的监理控制。

（一）材料进场与送检的分区监理控制

大型机场工程一般建筑面积较大，材料进场体量较大。总承包单位下设置多个分项目部在不同区域同时进行施工，当材料同时进场时一个材料根本无法做到全区域的材料进场监控。因此，需要按照不同区域分别配置相应的监理材料管理员代项目材料员进行材料管理。分区域监理材料管理可以根据总包设置子项目部进行设置，也按照施工特殊界面进行分区设置监理材料员，每个区域监理材料员对本区域材料负责进行进场验收与送检。

（二）材料进场与送检的实时监理控制

大型机场工程一般都是旧机场的改建或者扩建工程，施工场地离正在运行的机场部分较近，施工工期一般较紧。受施工工期及周边环境影响，机场工程材料进场与送检不同于一般工程，进场材料需要直接进入施工场地。因此，对监理材料的进场验收造成较大困难，须监理单位配合人员随时进行进场验收与现场取样。监理单位须配备两名材料员配合进行材料的进场验收与送检工作，如夜间需要还须配置夜班值班材料员来配合材料的控制。

除了监理对材料进场与送检的控制手段，还须检查施工单位编制的材料进场计划是否满足本工程的进度计划，督促施工单位对材料进场与送检方面的质量控制，把材料的质量作为材料管理的关键控制内容，要求施工单位按材料进场计划组织材料进场、验收、保管，按

计划使用。督促施工单位要建立材料管理制度，明确项目经理、质量员、施工员、材料员、库管员、取样员的责任。监理单位要定期对施工单位进行相应的检查。对于工程材料进场后，按建设工程材料管理办法加强对施工单位及分包单位现场的材料管理，要求施工单位严格进场预报、取样送检、审核报表，对照实物及时核对，监理要加强对施工单位材料进场的把控，对施工单位材料的取样送检要在监理单位见证下进行。现场材料的堆放应符合施工组织设计总平面布置图的位置要求，方便监理单位进行检查，按品种、规格、批次、进场日期分别堆放，同时要求使用醒目的标牌进行区分。施工单位的材料进场一般按材料进场计划进场，要求其按相应规定要求，提前一天书面通知监理单位，在监理单位安排的见证人员的见证下进行取样送检，如未书面通知监理，未经监理认可的进场材料，不允许现场使用，要清除出施工现场。

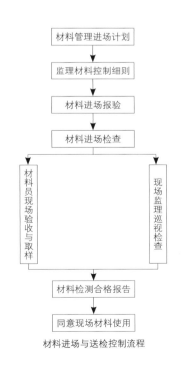

材料进场与送检控制流程

三、做好进场材料的管理制度控制

监理单位在做好现场材料管理的同时还要加强建立监理材料管理制度。加强对建筑工程材料的管理，还应做好对材料管理人员的培训：强化材料管理人员的政治和业务素质培训。监理在材料管理思路上，应做好材料进场计划的实施、监督材料保管和材料使用、对施工单位不合格材料的清理要求满足基本工作程序、方法和责任；在监理材料管理业务素质方面，对监理材料管理工作者进行具体业务操作技能培训，提高监理材料管理工作者的业务操作能力，并定期和不定期地对监理材料工作者进行效果考评，使监理材料管理者在管理过程中发挥最大效果。如大型机场工程从分专业进行材料管理、材料管理与现场管理相结合两个方面来分析监理的材料管理制度。

（一）分专业进行材料管理

大型机场工程一般涉及材料种类较多，造成材料管理工作较为繁杂。互相专业之间施工亦同时进行，因此，材料管理也需按不同专业进行管理。一般大型机场工程涉及土建、钢结构、安装、幕墙、精装修等工程。在监理材料管理工程中需按照各专业进行配置相应的材料管理者，对每个专业的材料进行现场进场验收与送检工作，将每周完成的材料工作汇总给总材料管理者。

（二）材料管理与现场管理相结合

大型机场工程监理材料管理不但仅限于监理材料员的管理，同时可以结合现场监理员与专业监理工程师进行材料管理。现场监理工程师一般配备较多，对现场也较为熟悉，便于现场每个施工段的材料管理。现场监理材料巡视制度、现场监理发现材料问题汇报制度，将监理材料管理责任落实到每一个监理工程师身上，这样有利于监理材料控制，通过监理管理者层层把关，确保工程质量过关。

在加强监理材料管理制度的同时也要强化监理材料管理者的信息资源管理，通过监理单位的材料管理带动施工单位的材料管理从粗放型向精细化的方向前进。监理单位的材料管理人员要深入工程施工现场对材料进行主动管理，而非只有施工单位对材料报验后才进行材料管理，对施工过程中各个施工段及周边其他即将开工项目的相应施工阶段的材料需求量进行预测，确保本工程施工材料供应充足。结合施工图纸、施工组织计划、施工工艺、监理实施细则及相关施工材料质量要求，对材料进场、送检与使用进行控制，确保机场工程材料质量。

四、结束语

监理单位要在日益激烈的建筑市场中求生存、求发展就必须要向建筑市场提供质量好、工期合理的建筑产品。这要靠对施工现场合理的管理来保证。对于施工现场的管理是建筑市场经营的延伸或后盾。对项目工程而言，要求每个人每个岗位都要重视施工质量，贯彻节约材料的技术措施，合理使用材料，只有这样才能在保证工程质量的前提下，提高监理企业在建筑市场中的竞争力，保证建筑行业更好地发展。

参考文献：

[1] 牛学国.认真做好施工现场材料管理工作 [J].安装，2002.
[2] 曹竞梅.浅谈建筑业工程项目施工过程中的材料管理 [J].珠江水运，2005.
[3] 张宽权，曹居易.建筑工程质量管理 [M].四川大学出版社，2006.
[4] 吴伟，缪亚东，李叶飞.建筑材料管理工作的探索 [J].合肥工业大学学报（社会科学版），1999.
[5] 王火利，章润娣.工程建设项目管理 [M].中国水利水电出版社，2005.

各专业材料员配置图

项目材料员 →
- 土建材料员
- 安装材料员
- 钢结构材料员
- 幕墙材料员
- 精装修材料员

解析大型连体钢结构运用液压同步提升技术吊装应规避的问题

张雄涛

广州珠江工程建设监理有限公司

摘　要：中交集团南方总部B区连体钢结构具有自重大、跨度大等结构特点，且施工条件受到场地限制；该工程利用液压同步提升技术的特点和应用，选取东西塔楼框架柱作为提升上吊点施工。本文总结了连体钢结构在液压同步提升吊装的施工中，对滑移胎架拼装、分段滑移、分组累积提升易发的质量缺陷和结构性安全问题进行分析，解析与预控提高一次性提升成功率的关键因素，为大型连体钢结构运用液压同步提升技术吊装提供技术参考。

关键字：连体钢结构　液压提升技术　成功率解析与预控

随着中国城市化发展步伐的加快，高层及超高层建筑如雨后春笋般在城市中拔地而起。为满足建筑造型和特殊使用功能的需要，本项目在东西塔楼相邻的单体高层建筑之间通过连体结构使两栋相邻的单体建筑呈现"口"形的外观效果，且在国内是跨度、高度、功能使用之最，极具特色。本文的宗旨是体现广州珠江工程建设监理有限公司参建"高""尖""大"等大型公共建筑项目的特色化服务并提供经验之谈。

一、工程概况

中交南方总部B区项目位于广州市海珠区南部珠江后航道岸边，北接环岛路（现振兴大街），东临已建A区总部大楼。本工程为两栋40层SOHO办公楼，建筑高度195.8m，两栋塔楼上下部通过钢结构连廊连接，地下3层，总建筑面积192788m²，其中地上建筑面积136207m²，地下建筑面积56581m²。结构形式为框架－多核心筒结构体系；上下两座大跨度钢连体分别位于东西塔楼平面H~N轴/19~33轴之间，竖向分布在L2~L5层，下连体约1700t及L33~L40层上连体约3800t，最大高度

195.25m；跨度达51.8m，钢结构主要为箱形钢骨节点柱、H型梁等。本项目钢结构主要为Z向性能Q345B材质，节点构件板厚为40~80mm。

二、施工难点分析

（一）本工程地理位置离江边大约100m，四周空旷；台风与暴雨等天气因素的影响在约195m处高空。整体提升上连体（自重约3800t）顺利就位是提升中的难点。连体下方为地下室顶板，顶板承载力受限，大型机械进场施工实施难度大。

（二）本工程的上下连体结构跨度约51.8m，功能使用层6/4层，在结构40/5层J~M轴设置主桁架刚性体系，其中跨距间布置22根吊柱支撑与辐射

梁组合成整体连体结构，其中 J~M 轴 8 根，J~H、M~N 各 7 根且均为悬挑形式区域，幕墙连接支座在钢梁上安装，承受自重荷载对安装质量要求高，尤其对悬挑结构设定扰度值及控制扰度工艺措施是难点。

（三）连体构件、核心筒劲性柱节点板厚（60~80mm Z 向性板）焊接变形与消除应力、层状撕裂，焊缝缺陷等质量保证措施是本结构体系的难点。

（四）对测量控制点的设置（通视条件）保护；连体的分段与加固、混凝土浇筑后引发构件变形；连体结构单元提升过程中的速率、平衡、应力与位移监控；以及提升卸载后结构内力的转换等是本次提升的难点。

三、提升方案分析与意见

（一）公司项目工程师认真研读了施工单位整体提升方案，思路为东西塔楼结构完成后，先上后下进行安装连体结构。施工机具利用液压同步提升装置在核心筒劲性柱节点布置 DO1-8 提升上吊点，地下拼装滑移区域采用钢柱支撑加固顶板，利用 500t 履带吊配合拼装；上连体体量大，适合分组滑移，累积提升。下连体体量小，适合整体拼装滑移整体提升。

（二）针对方案，公司项目部特组织公司技术部、钢结构专家组进行讨论，得出与传统的吊装工艺对比在技术上有以下意见：

1. 连体钢结构拼装、焊接及油漆等工作在地面施工，施工效率高。

2. 减少了高空作业，施工质量易保

证，缩短钢结构安装周期。

3. 液压提升系统设备体积小、质量较轻，机动能力强，高空对接和安装方便。

4. 施工成本比传统吊装低廉，安全风险低。

（三）公司技术小组为确保顺利安装就位提出了为保障一次性提升成功率应规避的质量问题进行技术上解析与调查研究，并制定预控措施来指导施工。

四、存在的现状分析

（一）公司技术组通过以往广州东塔、白云机场等大型钢结构安装就位的质量缺陷，以及借鉴国内外采用提升施工法的大量文献进行研究分析得出八大影响因素。见附表合格率分析表。

（二）根据附表数据总结液压提升施工法集中表现的不合格项质量指标占比，见表 1。

不合格项质量指标占比　　表 1

序号	不合格质量项	不合格质量指标占百分比
1	焊接质量差变形	33%
2	测量放线累积偏差	50%
3	钢柱与钢梁节点错位	75%
4	劲性柱变形	80%
5	构件单元尺寸偏差	83%
6	钢结构扰度偏差影响装配关系	85%
7	单元体扭曲变形	90%

（三）连体钢结构采用液压同步提升技术施工法质量发生频率柱形图，见图 1。

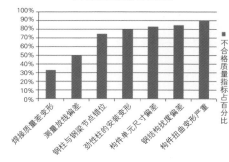

图1　不合格项质量指标占百分比

五、目标确定及可行性解析

（一）公司技术组根据上述分析结果，确定了该提升技术产生的要因和总控目标。

1. 力争整体提升一次性顺利就位，质量事件零发生。

2. 施工质量达到广东省优良，评选中国建筑金属结构协会金奖。

3. 对图 1 中 7 点少数关键性要因预控合格率达到 93%，整体提升成功率 96% 以上。预控目标值见表 2、图 2。

预控目标值　　表 2

序号	预控目标值	合格率
1	实施前预期目标值（制作、测量放线）	90%
2	实施中关键目标值（拼装、加固、测量、焊接工艺控制）	93%
3	最终验收目标值（测量端口、提升监控、扰度、就位校正、焊接变形）	96%

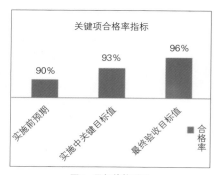

图2　目标值柱形图

（二）可行性解析，结合表1不合格数据分析，得出三点结论。

1. 制作厂工艺措施与单体构件拼装是主要关键项，该因素引起单个构件变形，影响自身形位尺寸偏差，预拼装中产生的扭曲变形、节点错位现象占比大，影响就位成功率。

2. 提升中对扰度值的控制、应力变形、提升力矩加速以及反变形措施不当直接影响分段组对关系，引发节点错位发生。

3. 核心筒劲性柱属于隐蔽工序，测量偏差与混凝土振捣、应变产生变形，东西塔楼不均匀沉降等因素影响整体提升就位成功率。

公司技术小组在会上提出了加大过程管理、技术支持、领导重视、施工方案论证从严监督等方面确定最终目标不动摇的决心；并重点明确三点关键项产生的原因解析。

（三）影响因素分析

针对关键项，技术组分组讨论，集思广益，绘制出影响整体提升在末端产生的主要质量问题关联图，见图3。

六、要因确认

通过关联图找出影响关键项末端主

要因素有：1. 制作厂装配、焊接质量失控；2. 胎架控制点误差大，胎架加固不稳定；3. 监测控制、指挥协调不同步；4. 提升技术不完善，方案交底缺项；5. 拼装、提升面受阻；6. 劲性节点加固措施不牢，测量管理与仪器偏差；7. 提升吊点设置不合理，稳定性不足；8. 提升平台支架安装不到位。

七、制定预控措施

公司技术小组为保证制定目标的实现，根据以往参建项目的典型案例以及借鉴其他项目的提升方案制定监理过程

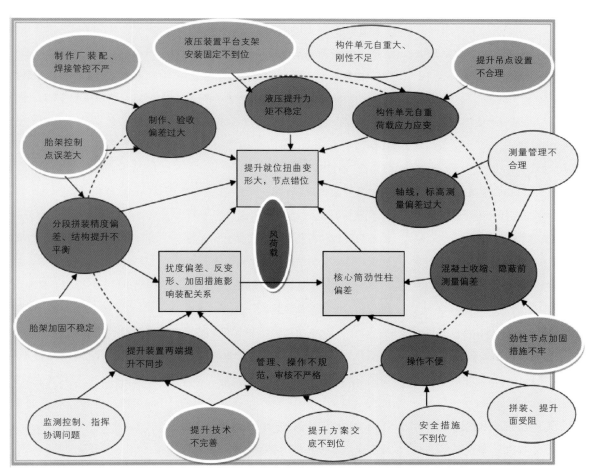

图3 末端质量问题关联图

中规避要因的措施。

（一）要因一：制作厂装配，焊接质量失控

1. 因素分析：制作厂装配、焊接在施工过程中易导致构件不均匀收缩、扭曲变形与形位偏差等质量缺陷是主因，直接影响构件单元拼装质量。

2. 预控对策：

1）派驻有经验的监理人员进驻制作厂监督管理。

2）针对异型箱型柱、大截面的H型梁编制专项制作、焊接方案，严格审批并落实指导实施。

3）监理人从原材下料，组立、装配、焊接、校正、消除应力等工序严格执行三检制、中间验收，把质量问题消除在制作厂各工序中。

4）制定终检验收制度。重点验收构件形位尺寸的误差是否超限，把制作误差规避在发运前。

（二）要因二：滑移胎架控制点误差大，胎架加固不稳定

1. 因素分析：

滑移胎架测量放线要求高，69m轨道分段接驳处标高与底板基础锚固是关键，拼装胎架支撑柱与梁形成整体框架后在轨道上就位，对整体刚度、稳定性以及整个胎架结构的测量控制点布置等将直接影响拼装单元的合格率。

2. 预控对策：

1）按照图纸轴线与高程精准放出地样报监理人复测，合理布置胎架控制点，加固测控点的刚性连接。

2）胎架框架结构的制作、焊接高要求，整体形位尺寸与平整度高要求须过程把控。监理人重点控制轨道加固、

框架结构的刚度、稳定性措施。

3）支撑柱上的反力结构采用滑移锁紧装置，须对锁紧装置的安装重点监控。

（三）要因三：提升监测控制，指挥协调不同步

1. 因素分析：

1）根据本工程各吊点的反力大小选用XY-TS-315型液压提升器，额定提升能力为315t作为主要提升承重设备（16台），总提升能力3920t。钢绞线采用高强度低松弛预应力钢绞线，抗拉强度为1860MPa，单根直径为17.80mm，破断拉力不小于36t。

2）液压泵源系统。液压泵源系统为液压提升器提供液压动力，在各种液压阀的控制下完成相应动作。

3）液压同步提升施工技术采用传感监测和计算机集中控制，通过数据反馈和控制指令传递，可全自动实现同步动作、负载均衡、姿态矫正、应力控制、操作闭锁、过程显示和故障报警等多种功能。

2. 预控对策：

提升监测系统根据一定的控制策略和算法实现对钢结构整体提升（下降）的姿态控制和荷载控制。在提升（下降）保证结构安全角度，应满足以下要求：

1）应尽量保证各个提升吊点的液压提升设备配置系数基本一致。

2）人机界面的协调是保证各个吊点提升（下降）结构的空中稳定与同步，以便钢结构提升单元能正确就位，制定的控制策略：将16组液压提升器中的任意一台提升速度和行程位移值设定为标准值，作为同步控制策略中速度和位移的基准。在计算机的控制下，其余液

压提升器分别以各自的位移量来跟踪对比，根据两点间位移量之差进行动态调整，保证结构在整个提升过程中的水平度、稳定性和一致性。

3）监理人应严格审查施工方案，采取监理旁站的手段进行控制，遇6级风荷暂停提升。

4）采用测距仪对结构整体离地距离实时跟踪测量保证提升的同步性。

（四）要因四：提升技术不完善，方案交底缺项

1. 因素分析：采用提升施工法要对成桥施工过程中涉及结构屈曲、应力、位移、稳定性等组合进行模拟分析，该工程采用MIDAS/GEN8.21进行施工阶段模拟分析，计算模型为上连体提升整体模型，按照施工步骤将结构构件力学参数、支座约束、荷载工况划分为组，按照施工步骤、工期进度进行施工阶段模拟，程序按照控制数据进行分析；上连体整体提升的最大允许组合应力值与合位移均符合设计容许强度值 f=290 MPa。

2. 预控对策：

1）监理人参与提升施工方案专家评审会，提出不利组合的模拟工况。

2）对行业内专家的指导意见督促施工单位跟踪落实、整改。

3）提升中下绕位移对两端刚性连接之间的补偿调整和焊后约束产生的反力对简支点的破坏是最不利工况。内力的转换应分级卸载或逐级加载使提升阶段与成桥阶段符合静力学模型的分析状态。

4）提升就位后卸载作用力的次级，内力由桁架8点简支端开始依次传递至

桁架中部，并向两端扩散由吊柱承受抗拉形成闭合的组合应力，一旦传力速率过快不利于二阶弹性分析工况，易发生结构屈曲。

5）设计、结构顾问人应对提升实施单位全面交底，监理监督。

（五）要因五：提升前拼装，提升面受阻。

1. 因素分析：

拼装中存在形位偏差过大、端口错位，构件单元存在扭曲变形、预起拱不合理等问题。提升区域受预留钢筋、支撑架、模板、安全护栏等环境因素影响。

2. 预控对策：

1）监理人对单体构件进行检查，对预起拱、严重变形的构件进行校正。

2）检查构件几何尺寸，调校基准构件、对接口处的标高一致，焊缝对接间隙、错位等易发问题按图纸验收。

3）检查整体构件单元拼装的线性尺寸，跨中起拱、侧弯、平面度均达到设计和规范误差范围。焊接预热、后热、消除残余应力等严格按方案执行。

4）清除干涉的不利因素，保证提升稳步上升。

（六）要因六：核心筒节点柱变形，测量管理、设备校准

1. 因素分析：

1）核心筒劲性柱节点构件复杂，连接牛腿多且板厚大；测量、校正、焊接等环节至关重要。

2）节点柱为隐蔽工程与土建混凝土振捣和收缩变形关系密切。

3）测量的通视条件是测量人员采集数据的关键，数据直接影响校正。其次焊接引发的变形再次产生误差的累计。

2. 预控对策：

1）监理人应熟读结构构造形式，分析简支两端口的理论坐标的影响因素，焊后测量保证一次性提升就位。

2）节点柱校正后加固变形支撑措施；减少焊接、混凝土振捣使其偏位。焊接中巡查焊接工艺是否与方案一致。

3）对有质量问题的处理应有针对性的提出方案后执行。监理人参与测量人员的技术交底，明确测控重点、误差标准、仪器校正以及影响偏差发生的不利因素。

（七）要因七：提升吊点设置不合理

1. 因素分析：

1）连体采用提升吊装法，上下吊点少且作用线重合，对吊点设置要求高；采用专业软件对分级提升单元挠度位移、内力进行验算。本工程上连体分四段累计提升，误差值过大，直接影响下一段合拢。

2）考虑风荷载等因素应对提升单元的平衡、防侧翻工况进行验算分析，否则整体提升工况将失稳。

2. 预控对策：

1）监理人审查方案时提出提升吊点设置对整体构件单元的下绕位移、应力是否满足设计要求。

2）监理人熟读下吊点支座安装图纸，验收中对线性尺寸重点控制，抑制偏心安装。

3）监理人重点监控支座材料规格、构件规格，将地锚锁紧装置安装的质量缺陷消除在提升前。

4）各提升点不均衡力的确定，严格监测提升设备、测量仪器与控制设备在提升过程中各点实际位移与理论位移

存在的误差，及时核算调整。

（八）要因八：液压装置平台支架安装固定不到位

1. 因素分析：

1）在提升平台上设置液压提升器。液压提升器通过专用钢绞线与提升钢结构的对应下吊点相连接。

2）上吊点提升平台利用桁架上弦牛腿设置，第一次提升上吊点利用 J、M 轴桁架 41 层弦杆设置和 H、N 轴线 40 层弦杆设置；弦杆材料材质均为 Q345B。焊缝均采用熔透焊缝，焊缝等级一级。

3）上吊点提升平台支架，主要从安全性、稳定性、对设计的影响程度以及制作、安装提升吊点临时措施方便的角度出发，满足提升承载力要求。

2. 预控对策：

1）监理人审查方案时应提出牛腿承载能力是否满足整体提升结构的反力要求；审查提升点受力应与原设计传力线路基本吻合。

2）审查平台结构外悬挑是否满足提升最大弯矩的边界值；防止提升钢绞线缠绕的设计措施。

3）审查平台结构的用钢合理性、材料选用、连接形式、焊接等级是否满足强度设计值、刚度、稳定性验算的指标。

4）监理人在实施过程中应熟读图纸，督促施工方按照技术交底的程序进行管理、验收。

5）重点验收各节点焊缝等级、形位尺寸、标高等是否符合设计图纸要求。提升平台结构焊接后对标高进行测量验收，满足提升前各项指标合格的要求。

本人通过不同项目的实践以及对同类型工程的分析研究，采用液压同步提升法在施工中的关键项是瓶颈，公司技术组针对关键项易发的质量、技术问题从结构安全、质量管理、工期控制等站在监理的角度出发，拟定了本工程提升前应规避的要因和预控对策，为大型连体钢结构一次性顺利就位提供借鉴与参考。

参考文献：

[1] 黄凯. 大跨度钢结构提升施工技术QC活动. 中建八局第三建设有限公司.
[2] 连体钢结构液压提升方案. 上海响云机电控制技术有限公司.
[3] 施工结构图. 中交第四航工程局. 施工组织设计.
[4] 中交B区钢结构工程监理实施细则. 广州珠江工程建设监理有限公司.

合格率分析表   附表

分析项 1.东塔 2.白云机场t2	因素的影响分析	检查验收次/点数	不合格次/点数	合格率/%
一、严格审查施工单位的专项施工方案，并组织专家评审	1. 审查滑移装置结构受力、布置、管理资质、架构	2	1	50
	2. 审查液压提升装置结构受力、安装流程、管理资质、架构	2	1	50
	3. 审查工艺流程及质量、提升平衡验算、安全管理措施、资质等	3	2	34
	4. 审查测量放线、监测控制措施	2	1	50
	5. 审查安全措施、应急预演	1	0	100
二、设备安装报建、验收程序	1. 设备报建程序	1	0	100
	2. 督促施工方组织各方验收（专家、质安监站、特种设备监督站）	2	1	50
三、拼装胎架安装	1. 胎架形位尺寸	2	1	50
	2. 平面度测量	1	0	100
	3. 结构稳定性检查	2	1	50
四、构件单元制作	1. 构件单元尺寸偏差	6	5	17
	2. 构件扭曲	7	6	15
	3. 扰度偏差	5	4	25
	4. 成品保护差引起变形	2	1	50
	5. 焊接变形	6	4	34
五、构件单元拼装	1. 桁架整体矢弯变形	5	3	40
	2. 桁架整体平面变形	2	1	50
	3. 钢柱与钢梁节点错位	8	6	25
	4. 悬挑处扰度值偏差	7	6	15
	5. 焊接质量差引起的变形	4	2	50
	6. 加固措施不到位	2	1	50
六、测量放线	1. 连体放线偏差	2	1	50
	2. 监测记录偏差	2	1	50
七、焊接施工	1. 焊接预热不够应力集中	1	0	100
	2. 焊接线能量过大	1	0	100
	3. 焊后质量差导致校正	3	1	67
八、整体提升	1. 劲性柱的变形	5	4	20
	2. 测量的偏差	2	1	50
	3. 提升中的风荷载	1	0	100
	4. 分组累积偏差	5	4	20
	5. 就位端的变形偏差	6	5	17
	合计	100	67	33

剧院工程主体结构造价控制突出问题探讨

赵京宇

浙江江南工程管理股份有限公司

摘　要：剧院类工程在建筑、结构上均有其独特的特点和施工难度。沈阳文化艺术中心（盛京大剧院）是沈阳市重点公共工程建设项目，其建筑、结构复杂程度在国内剧院工程中极为罕见。其主体结构工程造价控制难度大，其中也暴露出一些突出的问题。本文以实际造价控制中的经验教训，研究、探讨剧院主体结构工程造价控制的几个侧重点，希望能为剧院类工程投资控制提供参考。

关键词：剧院类工程　主体工程　造价控制突出问题

沈阳文化艺术中心位于沈阳市浑河北岸，青年桥东侧的五里河公园内，总占地面积约65143m²，建筑面积85509m²（其中地上建筑面积64519m²，地下建筑面积20990m²），由1800座综合剧场、1200座音乐厅、500座多功能厅构成。地上结构为两个不规则的钢筋混凝土空间结构竖向叠在一起（1200座音乐厅叠在1800座综合剧场上），成为一个在水平和垂直方向均不规则的钢筋混凝土空间结构体系，屋盖钢结构为"大跨度非常态无序空间网壳结构"。

一、主舞台顶板支撑

沈阳文化艺术中心综合剧场主台空间尺寸为［台仓底板（–19.5m标高）至台塔上空38m标高楼板］31.9m（长）×24.95m（宽）×57.38m（高），此区域也是典型的剧院主台结构做法。

38m标高楼板为钢筋混凝土梁板结构，梁板模板支设高度达到了57.38m，支设面积约800m²。

根据《危险性较大的分部分项工程安全管理办法》规定的要求，属超高支模架体，且结构荷载自重大，经专家论证，需要采用八三式军用梁及六四式军用墩作为支撑架体的转换平台，也由此产生了造价增加的问题。

施工单位提出了军用梁、军用墩的租赁、运输、拼装安装、吊装、拆除、

图1　沈阳文化艺术中心

出入库保养、现场倒运、设计等费用约900万元。沈阳文化艺术中心施工总承包招标文件中投标报价说明"13. 模板、支撑及其模板支撑超高项目的综合单价，无论实际施工采用何种方式及材料，综合单价在工程结算时均不得调整（价差除外）。"及招标工程量清单模板支撑项目特征描述"模板材料及施工方式自定"。如按此执行就是即使实际使用军用梁、军用墩支撑，此处也仍然按投标清单中梁、板的模板及支撑综合单价计算，那么军用梁、军用墩部分的费用也只按投标清单梁板模板钢支撑超高项目计算，直接工程费约53.4万元。

此方案涉及造价增加费用大且现场情况比较复杂，建设单位会同沈阳市建设工程造价管理站组织召开了专家论证会，会议重点围绕此项费用是否给予结算和给予结算的具体内容进行了研究。会议本着公平、公正、合理、合情的原则，经研究认为，第一建设单位在编制招标文件时未要求此部位梁板的具体施工措施。第二施工单位投标时也未考虑此部位梁板属于超高大空间支撑和在技术、安全等方面的特殊性，仅按常规钢

管支撑施工方法进行报价；并根据招标工程量清单进行投标报价，套用辽宁定额中的复合模板钢支撑进行报价，措施项目清单中也没有考虑，且投标文件技术标中也是按钢管扣件支撑考虑。

会议结论，同意给予按实结算，结算工程量按已批复的专项施工方案计算，价格确定委托造价咨询单位进行市场调查，按合同约定及市场价格进行计算。

市场上，军用梁、军用墩租赁厂家报价均约为：租赁220元/月/t，运输0.5元/公里/t，出入库保养费400元/t，配合设计费包含在租赁费用中。其他拼装安装、吊装、拆除的价格按辽宁省定额组价计算，根据现场确认的租赁时间、已批复的专项施工方案、合同约定及市场价格具体结算结果军用梁、军用墩工程量876t，直接工程费约600万元。比清单计价工程费用高出547万元。

导致造价增加的原因可以说有各参建单位对剧院工程的结构特性不熟悉，也有从施工图设计到招标，施工实施时间的仓促，导致对此部分技术难点考虑不充分等原因，对概算等投资控制产生了不利的影响。

试想，如果此问题在施工图设计阶段即进行充分研究，在各方面条件都满足的情况下，此部位楼板是否可以做成钢结构的形式？这将很大程度降低工程造价；或者在招标阶段研究更为贴近工程实际、科学合理的有效措施，以最大限度地降低此分部分项工程措施费用造价。所以今后工程中，我们要尽最大限度地避免因为设计、技术上的缺失导致投资控制失衡，这将会对整个建筑的工期、造价产生不可弥补的损失。通过对此问题的思考，我们造价管理人员也应该尽可能地学习了解设计、技术方面的知识，我想这些都是未来我们再面对类似剧院工程和其他工程都值得精心研究、思考的问题。

二、悬挑结构空间变形控制模板支撑

由于沈阳文化艺术中心音乐厅是竖向叠在综合剧场上的"悬挑＋悬挂"不规则的缓粘结预应力钢筋混凝土复杂空间结构，音乐厅下部由23.2m、25.6m双层预应力梁及结构板构成，布设

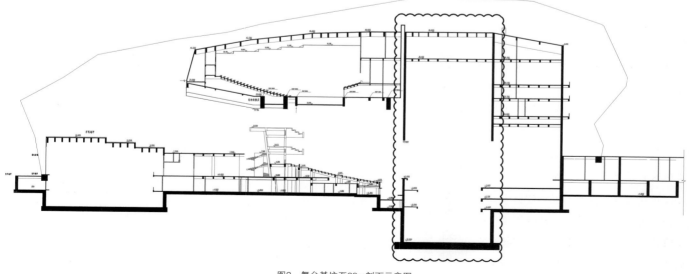

图2　舞台基坑至38m剖面示意图

1300mm×3900mm 环形大梁，两道为混凝土梁支座连接上下层结构，由外层环梁开始为23m悬挑部分，悬挑上倾斜13°角，悬挑长度22.97m，悬挑区域空间高度17.75m，悬挑面积970m²。

音乐厅悬挑结构空间变形控制模板发生支撑问题是由于在施工过程中因音乐厅悬挑空间结构非常复杂，设计单位对悬挑空间结构受弯构件的挠度变形控制限值进行重新复核计算，并明确挠度变形值＜54mm（超出《混凝土结构设计规范》规定的＜115m）才能保证施工安全、结构安全。由于此部位的变形控制限值变化，根据专家论证专项施工方案，为保证施工安全和结构变形控制，悬挑部位的模板支撑钢管的密度必须加大，支撑时间必须满足强度要求。

为此施工单位提出钢管扣件满堂支撑架增加费用，经过对此问题的会议研究，在招标文件及招标图纸中都没有明确此部位超出规范要求，施工单位投标时按正常规范要求进行投标，后在实际施工过程中明确了此部位变形控制值，为保证安全和控制变形值，发生了悬挑部位整个空间模板支撑体系由支撑底部开始至结构屋面顶板的加密加强和模板支撑体系安装时间、使用时间、拆除时间的增加，发生的费用应给予按实结算。此部分实际超出正常规范的钢管架工程量，按批准的专项施工方案计算，具体结算内容及方法委托沈阳市建设工程造价管理站组织专家召开论证会确认。

根据论证会意见由沈阳市建设工程造价管理站出具了《沈阳文化艺术中心总承包工程结算有关问题的答复》意见为，因招标工程量清单和施工单位投标报价都执行了辽宁省定额，定额模板支撑是按1.2m间距设置，实际施工是0.6m间距、局部0.3m间距，且由于此部位空间体积大、钢管间距小、搭拆难度大，均极大地超出定额水平，同意音乐厅悬挑部位模板支撑体系措施费用增加应该给予计取，人工费按定额价格的60%（定额工作内容为支撑和模板的搭拆，60%为仅支撑钢管搭拆工作内容占整个定额子目工作内容的比例）再以实际施工钢管间距与定额钢管间距的倍数同比例调整（倍数关系进行实际放样计算）；支撑钢管及扣件材料量（包括与支撑工作相关的辅材费）、支撑工作相关机械费按照实际施工钢管间距与定额间距的倍数同比例调整；因定额中支撑钢管及扣件均按施工单位自有规定编制，所以增加部分的钢管及扣件材料费按租赁考虑，定额部分的钢管及扣件无法周转带来的费用增加按银行同期贷款利息考虑（扣除定额周转时间35天）。具体计算以批准的专项施工方案和搭设拆除时间的有效证明依据执行。按照上述内容及方法计算，增加工程造价约450万元，对概算等投资控制产生了不利的影响。

上述问题有设计、施工技术准备不足方面的因素，同时也反映出建设单位、设计单位和项目管理单位对特殊工程、特殊部位的技术等方面的重点和难点分析研究不够透彻，敏感度不足。另外我国目前的工程量清单计价规范在现有市场经济下，大多与地区定额相配合，无法完全适用于每一个分部分项工程。一方面因为定额是我国计划经济条件下，经过多年实践的总结，其内容有一定的科学性和实用性；另一方面在市场经济快速发展，建筑难度、技术突飞猛进的今天，定额也存在跟不上时代发展进步的弊端。如果招标工程量清单编制、投标报价都遵循市场经济规律，使用"纯工程量清单计价模式"，招标时，建设单位会在很大程度上规避相关问题的风险；施工企业也必然会根据自身企业及投标工程的特点、重点及难点，竭尽全力地研究投标方案及报价，以规避自身风险。这个问题也同样体现出中国建筑市场经济活动的某种不自信，其实也是中国建筑企业的一块短板。

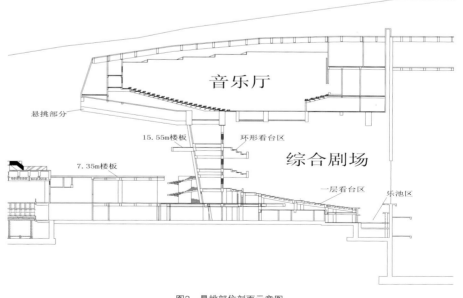

图3 悬挑部位剖面示意图

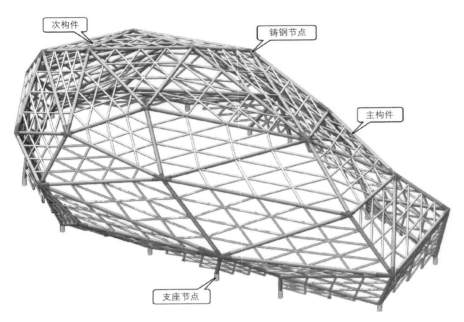

图4 屋盖钢结构轴侧示意图

作为造价工作从业者，如何协调每个工程清单计价与定额计价可能存在的某些不协调、不统一？如何开阔思路避免在工程的重点、难点部位的工程造价管理上栽跟头？如何加强自身技术水平做到技术、经济相结合？如何由定额计价思路向工程量清单计价思路转变等，这些都是值得我们去深思的。

三、复杂铸钢件工程量计算

沈阳文化艺术中心屋盖钢结构采用"大跨度非常态无序空间网壳结构体系"，它主要由屋盖系统、铸钢节点、主杆件、次杆件等组成。其中所有与主杆件相连部位的节点均采用了大型铸钢节点，所用铸钢件数量多、构造复杂、外形尺寸大、单件重量重、铸造工艺要求高。

工程所用共38个不同形状铸钢件，总重量为1787.149t，涉及直接工程费4520万元，其中单个最重达到约103t，单个最长尺寸达到约11.85m，均在国内首屈一指。

由于铸钢件部分涉及工程造价多，内外部形状构造各异、技术复杂，这就对其工程量的计算提出了严格的要求，怎样把每个铸钢件工程量计算准确也成了一个很大的难题。

因为每个铸钢件外形及内腔各异，是浇筑成多个直径1.43m的管并相交在一起形成一个整体铸钢件。每个铸钢件各个管的内腔从管头部至根部逐渐加厚到相交部位，整个铸钢件内腔构造极其复杂且多种多样。而设计图纸仅能在二维平面图纸中表达出各个铸钢件的外形和剖面，所以很难满足工程量计算的要求和条件。

如果采用数学计算方法，因为构造十分复杂，且图纸中能够表现的外形和剖面有限，计算需要通过设计图纸用大脑想象建立起外形和内腔的三维立体模型，并利用微积分等一系列数学计算公式和方法取得大量数据进行计算，那么这将会是一个异常耗时耗力的过程，人为计算错误也会增加，其结果也会存在误差。

如果采用实际称重计量，那么影响因素将会有很多，过程也很难控制，如选用何种称重方法、测量准确度的控制、过程及环节的监管控制，人力、物力、财力的投入，影响施工工期进度等，也加大了不可预见的安全风险，所以也不适宜采用实际称重的方式计量。

最后经过研究，设计图纸是根据已经完成深化设计铸钢件的CAD三维建模模型绘制的，由于电子软件不作为结算的直接依据，所以采用了"CAD三维建模模型体积计算"结合"数学体积公式拆分计算设计图纸进行验证"的方式进行每个铸钢件的工程量计算，较好地解决了这一难题。"CAD三维建模模型体积计算"是根据CAD三维建模模型与设计图纸对比复核，主要复核两者各个构

图5 铸钢件外形示例图

造部位的长宽尺寸、内部构造、内部尺寸、形状位置是否相一致，再通过CAD软件取得体积，由铸钢件密度计算出重量；"数学体积公式拆分计算设计图纸进行验证"是根据设计图纸计算各个管体积及内部半圆空心球体积，管因为呈现各种相交状态，所以须衡量找出平均点位得出计算长度，内部复杂或表现不全难以计算的部分，进行形状尺寸贴近计算，通过此种拆分，计算出体积形成重量，此计算可最大程度接近准确重量。最后统计结果为CAD三维建模模型得出的工程量与设计图纸拆分计算得出的工程量基本接近，当然设计图纸不能准确计算的部分也存在一定的误差，但通过以上对比复核过程和计算，可以得出CAD三维建模模型得出的工程量是准确的。

通过这个问题，我想有一些工程的特殊节点部位的计算确实是我们造价从业人员无法通过自身的知识和技能去完成的，所以遇到类似问题时我们应该集思广益，找出问题的根源，通过科学合理的方法去解决、去求证、去证明。我们也应该加强对现代化软件技术的学习和应用，去帮助我们解决工作中的一些难题。这些都是值得我们去思考、去学习的。

四、结语

以上是沈阳文化艺术中心工程造价管理工作中发生的造价增加相对最高、问题解决难度相对最大、问题解决时间相对最长的三个问题，三个问题之间引发的思考也有着一定的内在联系。这些问题都与剧院类工程结构的特殊性、技术的复杂性、经济的典型性相关联，论述的文字和对问题的分析可能稍显浅薄，就事论事。但本人在实际工作中却经历

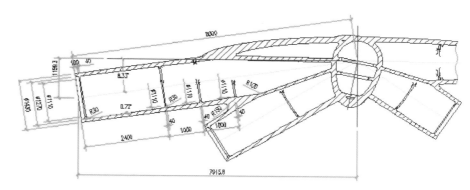

图6 铸钢件旋转剖面示例图

了很多不易的过程，技术上的反复研究、论证、确定，经济上的各种方案和衍生问题的反复计算、对比、分析。

通过沈阳文化艺术中心造价工作，我总结剧院工程在结构和技术上都有其特殊性和复杂性，造成招投标、预结算等造价控制方面涉及专业面广、技术含量高、工程量清单项目多、分部分项工程特殊性强、特殊设备材料市场资源少、应用软件技术使用多等特点，我想剧院工程造价工作应该从初步设计阶段到施工图设计阶段着重对工程重点难点作好研究分析，通过技术经济对比，科学合理地确定实施方案，并指导招投标工作确定合同价款，这样才能有利于工程的顺利实施。

沈阳文化艺术中心建设过程中，经建设单位和项目管理单位团结协作，较好地解决了造价管理中遇到的各类问题。本工程作为剧院工程的典型代表，无论从技术、管理等各个方面，我们都吸取了很多宝贵的经验。我们也应该举一反三，为以后的工作提供更多的启发和有价值的经验。

参考文献：

[1] 危险性较大的分部分项工程安全管理办法.建质〔2009〕87号.
[2] 舞台上空38m及屋面结构模板支撑安全专项方案.沈阳：中国建筑一局（集团）有限公司，2012.
[3] 音乐厅复杂空间结构模板支撑安全专项方案.沈阳：中国建筑一局（集团）有限公司，2012.
[4] 沈阳文化艺术中心总承包工程结算有关问题的答复.沈阳：沈阳市建设工程造价管理站，2014.
[5] 剧场建筑设计规范JGJ 57—2000.北京：中国建筑工业出版社，2001.
[6] 沈阳文化艺术中心施工总承包招标文件，投标文件.
[7] 沈阳文化艺术中心钢结构工程招标文件，投标文件.

浅谈综合管廊防漏、防渗、防水的质量处理

章艺宝

厦门港湾咨询监理有限公司

摘　要：每道工序的施工质量都对城市地下管廊防水效果产生很大的影响，施工中的每一点疏忽都可能造成渗漏水隐患。因此，应加强对每道工序的施工质量控制，严格按规范施工确保施工达到设计效果，使城市地下管廊防水工程质量有保证。

关键词：综合管廊　防排水措施　防水措施

一、项目基本情况

城市地下管线建设，如同城市的"里子"。在重点项目开工月里，十堰作为全国十个地下综合管廊建设试点城市之一，在全省率先启动地下管廊建设。对监理单位、总包单位综合实力，单位资质、各专业管理人员要求高，特别邀请厦门港湾咨询监理有限公司（综合资质共14个专业：港口航道、路基路面、桥梁隧道、石油化工、房屋建筑、市政工程、机电安装。服务范围包括项目管理、工程顾问、勘察设计、招标代理、施工监理、造价咨询、试验检测），更专业地服务十堰地下综合管廊施工管理。项目位于十堰市郧阳区滨江新区沧浪大道，湖北省内首条地下综合管廊项目建设，十堰地下综合管廊建设成本每公里近7000万元，总长51公里，总预算

35.5亿元，设计使用年限达到100年；建设单位：十堰和中国建筑股份公司；设计单位：上海市政工程设计研究总院十堰办事处；监理单位：厦门港湾咨询监理有限公司；施工单位：中国建筑股份公司（中建三局）。项目建成后，包括电力、雨水、热力、通信等在内的九条管线将会全部进入廊体。地下管线分属不同部门，每次埋入或维修，都要把道路掀开。而地下综合管廊工程，把各种管线集中起来管理。电力舱是一个单独的舱室，它里面可以把给水管、中水管，还有综合垃圾真空管，这些管子都可以放进去，而燃气管道只能在另外一个舱室。这样的舱室，在地下2m深的位置，空高比一层楼还高，达到3.5m，最宽可达到13m，建成后，埋设、维修地下管线，工人顺着通道，进入管线区作业，再也不用反复破坏马路。

二、综合管廊的概念

在传统的市政管路、管线敷设中，通常将其直埋于地下浅层，在管线数量较少、种类不多的情况下这种敷设方式可以节省部分投资和工期。但是，随着我国城市建设的发展，地下各种管线的数量不断增加，交错并行。在这种情况下新建和改建线路时需要往复开挖，不仅影响市容和道路公共交通，而且给民众的出行也带来了安全隐患，同时也可能在开挖过程中对现有的地下管线构成损害，造成的经济损失难以估量。

为了方便维护和统一管理，可以容纳多种管线的管廊应运而生。世界上第一条综合管廊起源于法国巴黎，该管廊容纳了自来水、通信、电力、压缩空气管道等市政公用管道。我国第一条综合管廊设置在天安门广场，《城市综合管

廊工程技术规范》一书中将综合管廊定义为，建于城市地下容纳两类及以上城市工程管线的构筑物及附属设施；所谓综合管廊，就是"地下城市管道综合走廊"，即在城市地下建造一个隧道空间，将市政、电力、通信、燃气、给排水等各种管线集于一体，设有专门的检修口、吊装口和监测系统，实施统一规划、设计、建设和管理，以作到地下空间的综合利用和资源的共享。

根据管廊容纳的管道数量和种类区分，又将综合管廊分为几个不同的类型。

三、综合管廊的类型

（一）干线综合管廊

特点：干线综合管廊一般设置于道路中央下方，负责向支线综合管廊提供配送服务，主要收容的管线为通信、有线电视、电力、燃气、自来水等，也有的干线综合管廊将雨污水系统纳入。其特点为结构断面尺寸大、覆土深、系统稳定且输送量大，具有高度的安全性，维修及检测要求高。

（二）支线综合管廊

特点：支线综合管廊为干线综合管廊和终端用户之间相联系的通道，一般设于道路两旁的人行道下，主要收容的管线为通信、有线电视、电力、燃气、自来水等直接服务的管线，结构断面以矩形居多。其特点为有效断面较小，施工费用较少，系统稳定性和安全性较高。

（三）缆线综合管廊

特点：缆线综合管廊一般埋设在人行道下，其纳入的管线有电力、通信、有线电视等，管线直接供应各终端用户。其特点为空间断面较小、埋深浅、建设施工费用较少，不设有通风、监控等设备，在维护及管理上较为简单。

四、综合管廊防水特点、难点分析

（一）综合管廊作为城市地下设施动脉工程对于城市建设具有长远的战略意义。渗漏水问题一直是困扰地下建设工程的质量通病，杜绝管线长期被渗漏水浸泡现象，解决好防水问题是综合管廊建设必须考虑的技术问题之一。有效解决防水问题从而保证综合管沟的施工质量，也能从根本上减少安全隐患，降低后期运营养护成本，延长使用寿命。综合管廊应根据气候条件、水文地质状况、结构特点、施工方法和使用条件等因素进行防水设计，防水等级标准应为二级。防水应以防为主，以排为辅，遵循"防、排、截、堵相结合，因地制宜，经济合理"的原则，同时要坚持以防为主、多道设防、刚柔相济的方法。混凝土结构自防水是根本防线，同时再设置附加防水层的封闭层和主防层。

（二）综合管廊防水的难点在于细部构造的防水，包括施工缝、变形缝、穿墙套管、穿墙螺栓等部位，这些部位如果处理不好，渗漏现象是非常普遍的。地下防水有所谓"十缝九漏"之说，因此必须对其给予足够的重视。

（三）综合管廊防水属于市政道路下方的隐蔽工程，道路竣工通车后，不能轻易地刨掘道路对其进行维修或修补，因此，防水层的成品保护也是重点。如果成品保护不善，施工不慎造成了破坏且未及时修补，容易形成渗漏点，造成地下水的渗漏。

五、地下管廊防排水控制要点

（一）进洞前防排水处理

首先，在管廊建造前应对城市地下管廊轴线范围内的地表水进行了解，分析地表水的补给方式、来源情况，做好地表防排水工作：用分层夯实的黏土回填勘探用的坑洼、探坑；对通过城市地下管廊洞顶且底部岩层裂缝较多的沟谷，建议用浆砌片石铺砌沟底，必要时用水泥砂浆抹面；开沟疏导城市地下管廊附近封闭的积水洼地，不得积水；在地表有泉眼的地方，涌水处埋设导管进行泉水引排；在城市地下管廊洞口上方按设计要求做好天沟，并用浆砌片石砌筑，将地表水排到城市地下管廊穿过的地表外侧，防止地表水的下渗和对洞口仰坡冲刷，并与路基边沟顺接成排水系统；洞顶开挖的仰坡、边坡坡面可用喷射混凝土将其封闭，并对洞口上方及两侧挂网喷浆；若在洞顶设置高压水池时，应做好防渗防溢设施，且水池宜设在远离城市地下管廊轴线处等。

（二）开挖过程中对涌水地段的防排水处理

1. 涌水地段的防排水处理原则

在地下管廊施工过程中，应对开挖面出现的涌水进行调查分析，找准原因，采取"以排为主，防、排、截、堵相结合"的综合治理原则，因地制宜地制定治理方案，达到排水通畅、防水可靠、经济合理和不留后患的目的。

2. 涌水地段的原因分析

造成城市地下管廊涌水现象一般是由于地下水发育，洞壁局部有水流涌出；碰到断层地带，岩石破碎，裂隙发育，出现涌水现象；洞顶覆盖层较薄，岩石裂隙发育，开挖地表水下渗等原因。施工中应对洞内的出水部位、水量大小、涌水情况、变化规律、补给来源及水质成分等作好观测和记录，并不断改善防排水措施。

3. 涌水地段的处理方法

对于洞内涌水或地下水位较高的地段，可采用超前钻孔排水、辅助坑道排水、超前小导管预注浆堵水、超前围岩预注浆堵水、井点降水及深井降水等辅

助施工方法。当涌水较集中时，喷锚前可用打孔或开缝的摩擦锚杆进行排水；当涌水面积较大时，喷锚前可在围岩表面设置树枝状软式透水管，对涌水进行引排，然后再喷射混凝土；当涌水严重时，可在围岩表面设置汇水孔，边排水边喷射。

（三）二次衬砌中防排水处理与控制

1. 防水层安装与控制

1）防水层进场时检查。除按必要的工作程序进行取样检查外，还应检查防水板表面是否存在变色、皱纹（厚薄不均）、斑点、撕裂、刀痕、小孔等缺陷，存在质量缺陷时，应及时处理。

2）防水层铺设前对初期支护的检查和处理。防水层铺设前，应先对初期支护喷射混凝土进行测量，对欠挖部位加以凿除，对喷射混凝土表面凹凸显著部位应分层喷射找平。外露的锚杆头及钢筋网应齐根切除，并用水泥砂浆抹平，使混凝土表面平顺。

3）防水层铺设好后检查和处理。防水层铺设结束，监理工程师应对其焊接质量和防水层铺设质量进行检查。其检查方法有：

（1）用手托起防水板，看其是否能与喷射混凝土密贴。

（2）看防水板表面是否有被划破、扯破、扎破等破损现象。

（3）看焊接或粘结宽度（焊接时，搭接宽度为10cm，两侧焊缝宽度应不小于2.5cm；粘结时，搭接宽度为10cm，粘结宽度不小于5cm）是否符合要求，且有无漏焊、假焊、烤焦等现象。

（4）拱部及拱墙壁露的锚固点（钉子）是否有塑料片覆盖。

（5）每铺设20～30延长米，剪开

焊缝2～3处，每处0.5m，看是否有假焊、漏焊现象。

（6）进行压水（气）试验，看其有无漏水（气）现象等，检查防水板铺设质量。如果发现存在问题，除详细记录外，立即通知施工单位进行修补，不合格者应坚决要求返工。

2. 止水带安装与控制

防水混凝土施工缝是衬砌防水混凝土间隙灌注施工造成的，对于施工缝的防排水处理，在复合式衬砌中，一般采用塑料止水带或橡胶止水带。

1）二次衬砌端部的检查与处理。在浇筑二次衬砌混凝土前，可用钢丝刷将上层混凝土刷毛，或在衬砌混凝土浇筑完后4～12h内，用高压水将混凝土表面冲洗干净，并检查止水带接头是否完好，止水带在混凝土浇筑过程中是否刺破，止水带是否发生偏移，如发现有割伤、破裂、接头松动及偏移现象，应及时修补和处理，以保证止水带防水功能。

2）止水带安装质量的检查与处理。检查是否有固定止水带和防止偏移的辅助设施、止水带接头宽度是否符合要求、止水带是否割伤破裂、止水带是否有卡环固定并伸入两端混凝土内等项目，做好详细检查记录，如存在问题时，应立即通知施工单位进行修补，不合格者应坚决要求返工。

3. 混凝土浇筑与控制

衬砌混凝土施工时，应督促施工单位加强商品混凝土的后仓管理，定期不定期地进行检查。混凝土振捣时必须专人负责，避免出现欠振、漏振、过振等现象。加强施工缝、变形缝等薄弱环节的混凝土振捣，排除止水带底部气泡和空隙，使止水带和混凝土紧密结合。

（四）二次衬砌渗漏处理与控制

1. 引流堵漏。对于滴水及裂纹渗漏处，可采用凿槽引流堵漏施工方法。如在渗漏部位顺裂缝走向将衬砌混凝土凿出一定宽度和深度（如宽20mm，深30mm）的沟槽，埋设直径略大于沟槽宽度或与沟槽宽度相当的半圆胶管将水引入边墙排水沟内，再用无纺布覆盖半圆胶管或防水堵漏剂封堵，然后用颜色相当的防水混凝土封堵或抹面。

2. 注浆堵漏。对于渗漏严重部位，可采用注浆堵漏施工方法。如在渗漏部位凿出一定宽度和深度（如直径80mm，深40mm）的凹坑，清理混凝土渣，并检查表面混凝土密实性，从渗漏部位向衬砌钻孔，其深度建议控制在衬砌厚度范围内，埋管注浆，其注浆浆液通过设计确定。

六、防水处理原则、方法及注意事项

为了保证市政工程地下管线构筑物正常使用效果，避免出现二次维修，解决好防渗漏工作是关键。通过对一些市政工程地下构筑物施工过程及竣工后使用情况的调查了解，发现造成地下构筑物渗漏的主要原因是使用的混凝土和防水层的材料质量不过关，施工时没有控制好相关技术要点，未按规范操作，而且忽视了细部结构如变形缝、施工缝、后浇带、预留接口等部位的防水处理，也有设计方面的原因。地下管线构筑物的外露面均需要做外防水，防水应以防为主，以排为辅，遵循"防、排、截、堵相结合，因地制宜，经济合理"的原则，同时要坚持以防为主、多道设防、刚柔相济的方法。

以防为主。按防水施工的重要性，

地下工程的防水等级分为四级，无论哪个防水等级，混凝土结构自防水是根本防线，结构自防水是抗渗漏的关键，因此在施工中分析地下构筑物混凝土自防水效果的相关因素，采取相应预防措施，改善混凝土自身的抗渗能力，应当成为施工人员关注的重点。防水混凝土的自防水效果影响因素主要有以下几点：

（一）混凝土防水剂的选择及配合比的设计，通常采用C30.P8防水混凝土。

（二）原材料的质量控制及准确计量。

（三）浇筑过程中的振捣及细部结构（施工缝、变形缝、穿墙套管、穿墙螺栓等）的处理。

（四）混凝土保护层厚度不够，常常由于施工时不能保证而出现裂缝，造成渗漏。

（五）混凝土的拆模时间及拆模后的养护，养护不良易造成早期失水严重，形成渗漏。从质量控制的角度来讲，如果采用防水抗渗的商品混凝土，只要混凝土本身是合格的材料，是基本可以满足防水要求的。但是，为了防止防水混凝土的毛细孔、洞和裂缝渗水，还应在结构混凝土的迎水面设置附加防水层，这种防水层应是柔性或韧性的，来弥补防水混凝土的缺陷，因此地下防水设计应以防水混凝土为主，再设置附加防水层的封闭层和主防层。多道设防、刚柔相济。一般地下构筑物的外墙主要起抗水压或自防水作用，再做卷材外防水（即迎水面处理），目前较为普遍的做法就是在构筑物主体结构的迎水面上粘贴防水卷材或涂刷涂料防水层，然后做保护层，再做好回填土，达到多道设防、刚柔相济的目的。由于地下防水层长期受地下水浸泡，处于潮湿和水渗透的环境，而且常常有一定水压力，除满足防

水基本功能外，还应具备与外墙紧密粘结的性能。因此，防水层埋置在地下具有永久性和不可置换性的特点，必须耐久、耐用。常用的防水卷材有：合成高分子防水卷材和高聚物改性沥青防水卷材两大类。施工过程中，主要把握以下几个关键点：

1. 提前熟悉图纸中的防水细部构造和技术要求。

2. 严把材料关，所使用的防水材料应有出厂合格证书、试验检测报告及进场复试报告，确保材料质量合格，符合设计要求。

3. 严格规范施工。施工前应清除基面表面的灰尘、杂物，确保基面平整牢固、清洁干燥，铺贴时应展平压实，卷材与基面必须黏结紧密，搭接宽度不应小于100mm，上下两层和相邻两幅卷材的接缝应错开1/3~1/2幅宽，且两层卷材不得相互垂直铺贴，接缝处应用材性相容的密封材料封严，宽度不应小于10mm，转角部位须附加防水卷材，附加宽度为300mm，应执行《聚乙烯丙纶卷材复合防水工程技术规范》，采用冷

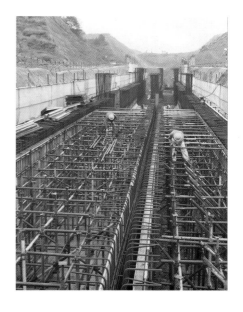

粘湿铺，应排出卷材下表面的空气，不得空鼓，使卷材与结构迎水面紧密黏结，胶粘材料使用水泥加入3%高分子卷材复合防水聚合物专用胶粉。

防水卷材工艺流程：清理基面——涂刷基层的处理剂——铺贴卷材防水层——阴阳角、节点部位——防水卷材附加层——定位——铺贴大面积防水卷材——防水层收头、密封——防水层检查验收——施工保护层。

同时，必须要注意细部构造的防水，包括在施工缝、变形缝、通风口、投料口、出入口、预留口、穿墙套管、穿墙螺栓等是渗漏设防的重点部位，这些部位如果处理不好，渗漏现象是非常普遍的。地下防水有所谓"十缝九漏"之说，因此必须对其给予足够的重视。

施工缝、变形缝处目前常采用的是止水带的做法，按照《地下工程防水技术规范》GB 50108-2012的规定，墙体水平施工缝应留在高出底板表面不少于300mm的墙体上，其宽度的中心线与施工缝重合，长度与混凝土结构相同，施工时应注意搭接，确保焊接质量，转角处应处置合理，安装好的止水钢板应与墙体的钢筋固定坚固，钢板应顺直不得扭曲，在施工缝浇筑混凝土前应将其表面浮浆和松散的混凝土清除干净并湿润，混凝土结合面应做凿毛处理；变形缝处采用钢边橡胶止水带，沿构筑物四周放置于1/2壁厚处，上下两端使用2cm厚防水密封膏，并在下部端口做防水卷材附加层，浇筑混凝土时应先将止水带下侧混凝土振捣密实，并密切注意止水带有无上翘现象，对墙体处的混凝土应从止水带两侧对称振捣，并注意止水带有无位移现象，使止水带始终居于中间位置。考虑到橡胶材料的自身特点，为防止橡胶老化，出现断裂，形成渗漏点，搭接部位应采用热熔连接，禁止采用冷粘的方法进行连接。

由于地下综合管廊内的各类管线均要与构筑物外的直埋管道相连接，因此需要在浇筑构筑物主体混凝土结构时预埋穿墙套管。穿墙套管一般采用翼环式管道穿墙做法，即在管道穿过构筑物防水结构处，预埋钢套管，并在套管位于墙内部分的1/2墙厚处周圈加焊钢板止水翼环，要满焊严密。翼环与钢套管加工完成后，在其外壁均刷底漆红丹或冷底子油各两道防腐。套管必须一次浇固于墙内，与墙体空隙采用油麻沥青填实，墙体边缘两端设金属挡圈。预埋钢套管与墙体外表面相接处做防水卷材及附加层，附加层宽度为300mm，并在水平位置的附加层周圈安放扁铁箍，防水卷材端口采用密封材料填实。安装工作管时，将管道穿过预埋钢套管，核准位置，将其与套管之间的缝隙用防水密封材料填充、捣实，并在套管端口采用封口钢板将工作管与套管焊接成一体，要封堵严密。要特别注意供热管道的预埋穿墙套管，因其在运行时具有伸缩的特点，工作管与套管无法焊接固定，所以应尽可能不设穿墙套管，在出墙处设置钢筋混凝土出线井，与结构外墙连接成一体。

为了解决墙体穿墙螺栓遗留的渗水隐患，外墙模板宜采用一次性的防水螺栓。构筑物的墙体混凝土施工完毕并拆除模板后，在穿墙螺栓根部剔凿进入墙体15mm的缺口，将穿墙螺栓用气割或电焊割掉，填以嵌缝材料，再用防水砂浆将缺口堵抹、压实、找平。

七、成品保护

地下防水属于市政道路下方的隐蔽工程，道路竣工通车后，不能轻易地刨掘道路对其进行维修或修补，因此，应特别注意对防水层的成品保护，确保防水层的使用效果。如果成品保护不善，施工不慎造成了破坏且未及时修补，容易形成渗漏点，造成地下水的渗漏。施工时，在立面与平面的转角处，防水卷材的接缝应留在平面距立面700mm处，要妥善保护防水卷材甩槎，防止被污损破坏，无法继续搭接形成薄弱环节。

地下水渗漏一直是地下防水的棘手问题，通过对一些市政工程地下构筑物的渗漏情况的调查了解，发现水基本上是从"孔""缝"中渗透的，所以必须采用防水材料对构筑物的"孔"和"缝"进行防水处理，防止地下水从"孔""缝"中通过。同时，还要注意强调工程施工方案中对地下管线构筑物防水处理的技术要求。由于市政工程自身具备的独有特点，因此建设施工地下管线构筑物如综合管廊时，必须认真思考、规范施工，切实做好构筑物的地下防水处理。

被动式超低能耗建筑（被动房）技术及监理工作要点

张　莹[①]　张新伟[②]
① 北京凯盛建材工程有限公司　② 北京日日豪工程建设监理有限责任公司

摘　要： 本文通过北京市超低能耗建筑（被动房）示范项目（北京中粮万科房地产开发的房山区紫云家园）为例介绍被动房的起源、发展过程、关键技术、监理控制实施要点以及该项技术未来发展的趋势。该工程是万科集团第一个被动房项目。

关键词： 被动房　超低能耗　热桥　气密　保温　监理控制

一、被动式超低能建筑技术的起源、发展过程及特点

被动房于20世纪80年代，由德国物理学家沃尔夫冈·法伊斯特教授（Wolf gang Feist）和瑞典隆德大学的阿姆森教授（Bo Adamson）共同研究提出，于1991年在德国的达姆施塔建成世界第一座被动房。2013年我国在秦皇岛建成第一座低能耗住宅被动房，"在水一方"。2014年李克强总理与德国总理默克尔签署了两国技术合作备忘录，正式引进德国的被动房技术。被动式超低能耗建筑通常简称"被动房"（Passive House）是指不通过传统的采暖方式和主动的空调系统来实现舒适的冬季和夏季室内环境的建筑，与普通建筑相比具有以下特点：

——更加节能，建筑节能率达到90%，室内无须设置散热器。

——更加舒适，室内温度适宜，阳光充足，室内环境更安静。

——更加清新，室内保持新鲜空气，有效降低PM2.5和CO_2的浓度。

——更加耐久，建筑质量高，寿命更长。

二、被动房关键技术和监理实施控制要点

现以北京市超低能耗建筑示范项目为例，该项目已获得德国被动房研究所认证（2015年1月申请认证，方案已经过审核批准，项目处于施工阶段）。

（一）工程概况

建设单位：本项目是由北京中粮万科房地产开发公司建设，是万科集团的第一个被动房项目。

建设地点：房山区长阳镇紫云家园。

建筑用途：商业＋办公。

建筑主体：框架结构，地上6层，地下2层。

建筑面积：7370m²，地上5920m²，地下1450m²。

体形系数／朝向：0.21／东西向。

工期：2016~2017年12月，2018年6月交付使用。

设计咨询单位：北京市住宅设计院北京建筑节能研究发展中心。

施工单位：江苏中兴建设有限公司。

监理单位：北京日日豪工程建设监理有限责任公司。

本项目节能方案参考住建部《被动式超低能绿色建筑导则》试行版及德国被动房研究所的推荐性能指标进行设计，采用的关键技术包括：连续不间断的围护结构保温层，高效三层玻璃外门窗，

细致无热桥措施，完整的建筑气密性，带高效热回收的新风、供暖、制冷系统。其性能指标符合北京市超低能耗公共建筑室内环境参数、能耗指标及气密性指标。

室内环境参数

室内环境参数	冬季	夏季
温度（℃）①	≥20	≤26
相对湿度（%）	≥30②	≤60
新风量（m³/h·人）	符合《民用建筑供暖通风与空气调节设计规范》（GB 50736–2012）中的有关规定	

注：①公共建筑的室内温度的设定还应满足国家相关运行管理规定。
②冬季室内湿度不参与能耗指标的计算。

能耗指标及气密性指标

项目	规定
能耗指标	节能率≥η60%①
气密性指标	换气次数N_{50}≤0.6②

注：①为超低能耗公共建筑供暖、空调和照明一次能源消耗量与满足北京市《公共建筑节能设计标准》（GB 50189）的参照建筑相比的相对节能率。
②压差在50Pa下的换气次数。

（二）关键技术及监理实施控制技术

被动房关键技术及监理实施控制可归纳为前期方案审查和五大关键技术＋可再生能源利用技术的控制（简称"五指一拳"原则）。

被动式超低能耗建筑，通过保温隔

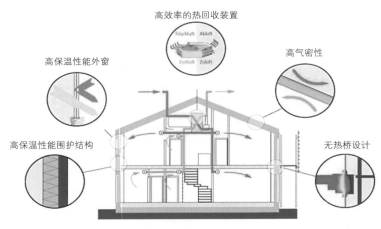

德国被动房主要技术措施

热性能和气密性能更高的维护结构，采用高效新风热回收技术，最大程度地降低建筑供暖、供冷量的需求，并充分利用可再生能源，以更少的能源消耗提供更加舒适的室内环境并能满足绿色建筑的基本要求。

1. 监理前期规划设计方案审查

在规划设计方案时要充分调整建筑的朝向，控制形体系数，避开主导风向，避免凹凸变化，充分利用自然通风和冬季日照，合理选择窗墙比，充分考虑新风和排风管道布置与室内空间布局。

2. 关键技术一：高效的保温措施

采用大厚度保温层包围整个建筑受热体积，即保温层连续不间断的覆盖整个建筑物的底板外墙和屋面，传热系数远低于我国现行标准要求，极大降低围

护结构的传热损失。

监理实施要点：

（1）外墙保温

①外墙保温宜采用单层保温、锁扣式连接；采用双层保温时，应采用错缝粘接方式，避免保温材料出现通缝。施工前，应根据保温板的规格进行排版，并确定锚固件的数量及安装位置。

②外保温施工前，应具备以下条件

——基层表面平整度和立面的垂直度均应满足相关技术标准，且应作清洁，无油污、浮尘等附着物。

——外墙上的预埋固定件、穿墙套管均已施工完成。

——外门窗框安装定位。

保温板应平整地粘贴在基墙上，避免出现空腔。管线穿外墙部位应进行封

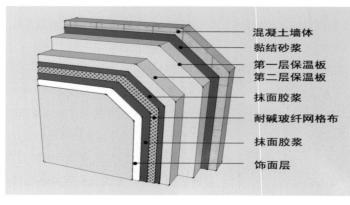

混凝土墙体
黏结砂浆
第一层保温板
第二层保温板
抹面胶浆
耐碱玻纤网格布
抹面胶浆
饰面层

堵，并应妥善设计封堵工艺，确保封堵紧密充实。

——墙角处宜采用成型保温构件。

——保温层应采用断热桥锚栓固定。

——户内开关、插座等不应设置于外墙上。

——材料进场做报验工作。

（2）屋面保温施工要点

①屋面保温施工应选在晴朗、干燥的天气条件下进行。

②施工前，应对基层进行清理，确保基层平整、干净。

③防水层施工前，应对施工部位保温材料进行保护，防止降水进入保温层。

④隔汽层施工时，应注意保护，防止隔汽层出现破损，影响对保温层的保护效果。

⑤对管道穿屋面部位应进行封堵，并应妥善设计封堵工艺，确保封堵紧密充实。

3. 关键技术二：高效节能门窗

本项目外窗产品获得德国PHI认证，并具备以下特点：

（1）传热系数 U 值小于0.8W /（$W/m^2 \cdot K$），远远优于我国《石油天然气工程设计防火规范》GB 50183-2015规定的1.5~3.0 W /（$W/m^2 \cdot K$）的要求。

（2）抗风压性9级、气密性8级、水密性6级，均为我国建筑节能标准最高等级，简称"986"等级。

（3）外窗均配置有电动百叶外遮阳，调整方便灵活，通过控制百叶角度，可在充分利用自然光线的同时，避免不必要的眩光，改善室内光环境的均匀度，有效降低建筑照明能耗。

外窗采用外挂式安装，位于保温层内，温度场更加均匀，使安装造成的热传导系数的损失更小。室内外侧分别设

置了防水隔汽膜和防水透气膜，以实现其防水和气密性能。

监理实施要点：

（1）门窗为关键产品应为高性能，应对其见证取样，检测报告是否符合设计要求。安装前应对外门窗洞的处理、外门窗安装方式，窗框与墙体结构缝的保温填充做法，窗框周边气密性处理等进行充分的方案审查。

（2）外窗宜采用窗框内表面与结构外表面齐平的外挂安装方式，外窗与结构墙之间的缝隙应采用耐久性良好的密封材料严密密封，窗框与窗扇至少2个锁点、3道密封，窗框4个腔室，厚度不小于70mm。简称"窗户23470结构"。

（3）外窗台应设置窗台板，应避免雨水侵蚀造成保温层的破坏；窗台板应设置滴水线；窗台宜采用耐久性好的金属制作。窗台板与窗框之间要有结构性机械连接，并采用密封材料密封门扇，变形量不能超过3mm，保证门扇四边能够贴近密封条。耐踩踏、形状稳定的门槛档口，高度≤15mm。

（4）门的安装要求：四边有密封条，侧边和上面有两道密封，门槛处至

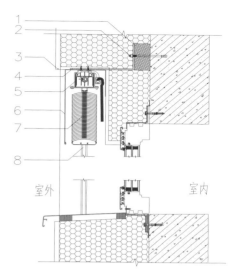

1-隔热垫块；2-膨胀螺栓；3-滴水线；4-联结件；5-百叶帘安装码；6-防雨罩；7-百叶帘系统；8-轨道

少有一道密封。

4. 关键技术三：无热桥节点处理措施

建筑维护结构中的热流密度显著增加部位，成为传热较多的桥梁，建设超低能耗建筑更应严格控制热桥的产生，对建筑外结构进行无热桥处理。被动式超低能建筑需要对每个节点都进行保温措施；对外窗和外遮阳安装方式、穿透维护结构的管线、围护结构的附着物等进行细致的阻断热桥的处理措施，使维护结构保温性能更加均匀。并得到进一步的提高。

无热桥设计原则简称"断桥四原则":

(1)避让原则,尽可能不要破坏或穿透外维护结构。

(2)击穿规则,当管线需要外穿围护结构时,应保证穿透处保温连续,密实无空洞。

(3)连接原则,在建筑部件连接处,保温层应连续无间隙。

(4)几何规则,避免几何结构的变化,避免棱角,圆滑过渡。

监理实施要点:

整个保温层材料连接,必须保证相互搭接无间隙,当无法避免保温层断开或穿透时,也应使局部导热边界热传导系数尽可能降低,并应重点控制下列节点:

(1)地面外边界、底板处的结构性断桥。

(2)穿墙管道的处理,应位于预留空洞的中央,周围填充密实聚氨酯,外侧粘贴防水透气膜。

(3)外窗安装,外窗与围护结构的角码连接件与基层墙体加设隔热垫,当设置外遮阳时,应保证与外窗之间的距离或采用预制断热桥遮阳盒。

(4)落水管支架应与基层墙体加设隔热垫。

(5)阳台、遮雨棚、空调支架应提前预制预埋构件,连接时加设隔热垫。

(6)女儿墙压顶,出屋面的风井被动房与非被动房的过渡楼梯间也应作好结构性断桥处理。

5. 关键技术四:气密性措施

极佳的建筑气密性,位于维护结构内侧设置包围建筑受热体的完整的气密层,从而避免空气渗透造成的热量损失和对维护结构的损害。建筑气密性最终以实际现场检测结果来验证,简称"铅笔原则"。

气密性可以减少冬季冷风的渗透,降低建筑物发霉、结露、减少外界对室内环境的影响,提升居住的生活质量。

检测结果应符合设计值为50Pa压差下,换气次数小于0.6次/小时。

监理实施要点:

气密性保障应贯穿整个施工过程,重点控制施工工法、施工程序、材料选择等各环节。

(1)应注意外门窗安装、围护结构洞口部位、砌体与结构间缝隙及屋面檐角等关键部位的气密性处理。施工完成后,应进行气密性测试,及时发现薄弱环节,改善补救。

(2)应避免在外墙面和屋面上开口,如必须开口,应减小开口面积,并应协商设计制定气密性保障方案,保证气密性。

(3)外门窗安装部位气密性节点

①窗框与结构墙面结合部位是保证气密性的关键部位,在粘贴隔汽膜和防水透气膜时要确保粘贴牢固严密。支架部位要同时粘贴,不方便粘贴的靠墙部位可抹黏接砂浆封堵。

②在安装玻璃压条时,要确保压条接口缝隙严密,如出现缝隙应用密封胶封堵。外窗型材对接部位的缝隙应用密封胶封堵。

③门窗扇安装完成后,应检查窗框缝隙,并调整开启扇五金配件,保证门窗密封条能够气密闭合。

(4)围护结构开口部位气密性控制要点

①纵向管路贯穿部位应预留最小施工间距,便于进行气密性施工处理。

②当管道穿外围护结构时,预留套管与管道间的缝隙应进行可靠封堵。

③管道、电线等贯穿处可使用专用密封带可靠密封。密封带应灵活有弹性,当有轻微变形时仍能保证气密性。

④电气接线盒安装时,应先在孔洞内涂抹石膏或粘接砂浆,再将接线盒推入孔洞,保障接线盒与墙体嵌接处的气密性。

⑤室内电线管路可能形成空气流通通道,敷线完毕后应对端头部位进行封堵,保障气密性。

6. 关键技术五:高校热回收新风系统

本项目采用分散式新风机组,向室内输送新鲜空气,同时还起到供暖、制冷、除霾的作用,控制严格的风速和出

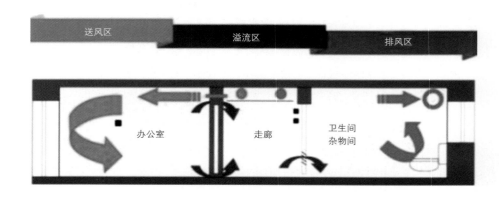

风温度，两侧的过滤网除霾效果可达到90%的设置，高于75%的热回收效率可极大降低供暖和制冷的能耗。从而营造舒适、健康、安静、节能、环保的室内环境。

应满足节能设计指标：热回收率高于75%，电耗≤0.45W·h/m³。

监理实施要点：

（1）暖通空调系统施工应加强防尘保护、气密性、消声隔振、平衡调试以及管道保温等方面细节的处理和控制。

（2）防尘保护要点

①施工期间新风系统所有敞口部位均应做防尘保护，包括风道、新风机组和过滤器。

②应及时清洗过滤网，必要时更换新的过滤器。

（3）新风机组安装要点

①机组与基础间、吊装机组与吊杆间均应安装隔声减震配件；管道与主机间应采用软连接，防止固体传声。

②安装位置应便于维修、清洁和更换过滤器、凝结水槽和换热器等部件。

③管道保温与主机外壳间应连接紧密，避免有缝隙，影响保温效果。

（4）应对新风吸入口和排风口的安装位置进行现场核查，并满足以下要求

①新风吸入口应远离污染源，如垃圾厂、堆肥厂、停车场等，并应避免排风影响；同时宜远离地面，不受下雨、下雪的影响，且能防止人为破坏。

②排风口应避免排气直接吹到建筑物构件上。

（5）风管系统施工要点

①宜采用高气密性的风管。

②当进风管处于负压状态时，应避免和排风管布置在同一个空间里，防止排风进入送风系统。

③新风管道负压段和排气管道正压段的密封是风系统施工的重点，宜在其接头等易漏部位加强密封，保障密闭性，同时减少噪声干扰。

（6）新风系统安装完成后应进行风量平衡调节，每个送风口和排风口的风量应达到设计流量，总送风量应与排风量平衡。冷热源水系统应进行水力平衡调试，总流量及各分支环路流量应满足设计要求。

（7）水系统管道、管件等均应做良好保温，尤其应做好三通、紧固件和阀门等部位的保温，避免发生热桥。

（8）室内管道固定支架与管道接触处应设置隔声垫，防止噪声产生及扩散，也可避免发生热桥。

（9）室内排水管道及其透气管均应进行保温和隔声处理，可采用外包保温材料的方式进行隔声。

（10）屋面雨水管宜设在建筑外保温层外侧，如必须设在室内时，雨水管应进行保温处理。

7. 可再生能源的利用

太阳能热水系统特点：

（1）集中供热：屋面设置144m³太阳能平板集热器和设备机房。

（2）分户储热：每户设置承压储热水罐，用于换热和辅助电加热。

（3）供回水管保温处理：橡塑材料包裹。

充分利用地源热能、太阳能光热加热、太阳能发电、风能、水能、生化能，将有助于可再生能源利用率的提高，是绿色建筑达到近于零能耗乃至产生能源的新途径。

三、结论

被动式超低能建筑是目前世界上最先进的节能建筑之一，是我国建筑行业发展的必然趋势。被动式超低能建筑的发展将引领我国建筑节能发展的新方向，促进我国建筑节能行业的产业转型升级，也将为人类居住环境的改善、节能减排、保护环境等方面作出突出贡献。

工程监理投标文件的编制探讨与分析

闫恒斌

中国电建集团贵阳勘测设计研究院有限公司

摘　要：监理投标文件编制是监理单位承揽监理服务业务的一个决定性的重要环节，而监理投标文件编制质量的好坏是监理单位能否中标的决定性因素之一。本文通过个人多年来从事监理投标文件编制的工作总结与体会，对监理投标文件编制的内容、编制技巧、注意事项等方面进行了分析与研究，供监理同行参考与借鉴。

关键词：监理投标　编制方法　注意事项

1984 年，我国第一次利用世界银行贷款，修建云南鲁布革水电站，也是中国第一个使用工程监理的工程项目，并取得了良好的效果，从此，工程监理正式进入中国市场，通过 30 多年的发展，建设工程监理已经取得了有目共睹的成绩，并已为社会各界认同和接受。随着市场竞争的愈加激烈，监理投标活动中，各投标单位为了增加中标几率，在监理投标文件方面可谓使出了"看家本领"，在编制监理投标文件中对涉及工程监理的方方面面进行全面阐述，凡是能考虑到的全部写进投标文件中，生怕遗漏哪一部分而影响中标。造成投标文件内容空洞、套话较多，没有突出拟投工程项目的重点和特点，只有共性，缺乏个性。那么，在新时代条件下，在市场竞争日益激烈的形式下，怎样的监理投标文件才更合理呢？怎样的标书才更能打动业主，得到评审专家的青睐呢？本文就个人多年来从事监理投标文件编制的工作体会和总结，对监理投标文件编制的内容、编制技巧、注意事项等方面进行阐述。

一、做好拟投标监理项目投标策划（投标方案）

根据现行工程招投标管理办法，一般投标文件的编制时间大约为 20~30 日历天，要在这么短的时间内编制出质量达标、符合要求的投标文件，就必须提前做好投标项目策划工作，在取得招标文件后，根据开标时间制定投标规划，做好编标工作分工，明确编标人员职责、完成时限、初稿提交时间、标书评审时间、标书校核、定稿装订时间、封标要求等。对于大型监理服务项目，工程较为复杂，涉及的专业范围较广，需要发挥投标单位各专业人员的技术力量，所以更要编制详细的投标规划，在投标规划中应明确技术部分负责人和协作人，商务部分负责人和协作人，编标准备过程中，各负责人及时了解投标文件的进展情况，对过程中出现的问题和疑问及时协调处理，这样才能保证投标文件的质量和进度。

监理投标文件一般分为三大部分，即商务部分、技术部分（监理大纲）、资格审查部分。商务部分的主要内容为：投标函、法定代表人身份证明、授权委托书、投标保证金，企业营业执照、资质等级证书和其他有效证明文件，投标报价计算书、拟派项目监理部人员（资格、技术职称）情况一览表、业绩表及证明材料、招标文件要求提交的其他资料附件等。技术部分主要内容为：针对本工程特点的监理大纲、其他需要说明的问题、能体现监理单位技术水平和展现企业核心竞争力的相关类似工程实例及相关证明材料，技术部分是体现监理企业技术服务水平、综合能力的关键部分，是编写监理标书的重点。资格审查部分的主要内容为：投标人资质、投标人基本情况、近三年财务状况、类似工程监理业绩、拟投入本项目主要监理人员情况表、投标人信誉（征信）、近3年诉讼及仲裁情况、荣誉证书（奖项）、招标文件要求提交的其他资料附件等。

二、吃透招标文件的精神，注重标书质量

获取招标文件后应先了解工程项目概况、工期、监理工作范围与内容、监理目标要求等。如对招标文件有疑问需要解释的，要按招标文件规定的时间和方式，及时向招标方提出询问或澄清。招标文件是建设（招标）单位对所需产品提出的要求，是投标单位编制投标文件的依据。因此投标单位必须对招标文件详细研究，吃透其精神，在投标文件中应给予全面的、实质性的、最大程度的回答。

监理投标文件的商务部分和资格审查部分一般有格式的要求，投标人必须全部按招标文件要求的格式进行编制。投标书的关键内容是具有针对性的监理大纲和监理技术措施。投标单位应组织有关人员进行认真的研究，根据工程现场踏勘了解的情况，多方面了解建设方的管理思路、理念和意图，针对工程项目特点制定出具有个性的监理方案，突出独具针对性的技术措施，注重投标书的内在针对性，避免长篇大论而无实质性内容。

三、注意招标文件细节，重点是投标文件中必须满足的内容和条款

投标人应仔细阅读招标文件中的"投标人须知"中的各项条款，重点注意招标文件要求的开标时间、现场踏勘的时间和要求的踏勘人员（有的项目要求拟任总监必须参加现场踏勘）、投标保证金的缴纳时限及要求、招标文件澄清的时限、开标时需要提交的原件材料、废标条款等。以上是招标文件中要求的基本条件，必须无条件的完全响应招标文件的要求，避免辛苦编制的投标文件成为无效的情况发生。另外要注意投标文件的封装要求，监理投标书的编制和密封必须按招标文件规定的格式和密封条件执行，校核人员应认真仔细检查盖章签字是否齐全。凡不满足以上要求（或未按招标文件要求包封），将被视为无效文件。

四、注重平时素材的积累，积极收集有关资料

招标文件从发售到开标，一般大约一个月左右的时间，在这么短的时间内，要迅速整理拟投标项目的各类资源，深刻了解拟投标项目情况，按照招标文件要求编制出满足要求的高质量投标文件，平时积累素材至关重要。编制标书前，应该尽可能地多了解工程项目的有关情况，以便使投标文件更具有针对性。由于目前监理投标中有的项目不组织现场踏勘，在条件允许的情况下，投标单位可自行对施工场地进行踏勘，以了解工程项目的现场条件、施工条件，以及周边环境条件等。

五、注意监理团队人员的配备和储备

监理服务的优劣，不仅依赖于监理人员是否遵循规范化的监理程序和方法，更取决于监理人员的业务素质、经验、分析问题、判断问题和解决问题的能力以及风险意识。近年来，工程监理招标对监理人员能力提出了更高的要求，在监理投标文件评分条款中，监理人员的素质、业绩、工作能力占据的分值越来越高，有的项目对拟任总监理工程师评分值达到总分值的30%，拟任总监、副总监、专业监理工程师、专业结构的评分值达到总分的50%，可见人力资源在监理投标中起着举足轻重的作用，是下一步监理投标文件编制的重点。投标人应顺应市场需求，根据监理承接范围工程需要，有针对性地储备满足要求的总监、副总监及专业监理工程师人选，做好监理投标的人力资源储备工作。

六、认真提炼监理投标文件的"精"与"神"

目前，有的招投标单位追求投标文件的厚重，一本厚重的投标文件让评委专家望而生畏。现在工程监理竞标单位少也有三、四家，而有些评标工作时间较短，评委专家们没有充足的时间来仔细读完所有的投标文件。如何编制高质量、又有较强的吸引力并博得评委专家好评的监理投标文件，需要认真思考和应对，关键在于提炼监理投标文件的"精"与"神"。根据个人多年参与招投标的经验，应重点注意以下几点：

（一）浓缩投标文件，提炼整个投标文件的重点内容，归纳总结，提出能体

现整个投标文件的综合说明或提示性报告，简单明了，重点突出。

（二）做好整个投标文件内容的目录，目录内容应力求翔实、具体，在标书允许的条件下可编制量化评分索引目录。应与招标文件评分细则规定内容格式相对应，通过目录能基本了解投标文件的符合性和完整性，评委通过目录可方便地进行对照评分。

（三）切实做好监理工作重点、难点分析及对策。每个项目有不同的特点，监理工作重点和难点一般不一样，应根据工程设计和施工的具体内容和要求，提出工程施工过程应注意的重点、难点问题，并据此提出相应的监理工作对策或工作建议。做到内容具体、针对性强，又切合实际，这一般要花费相当的时间和精力，有时还需要向设计单位和专家咨询、现场查勘、内部专家分析讨论才能确定，并提出针对性的建议意见。

（四）作好总监及主要人力资源配置。监理服务主要是技术服务，关键在人力资源的配置，总监及主要关键技术岗位的人力资源安排是重点，同时做好总监答辩的充分准备。有时，通过总监高水平的答辩论述，还能收到意想不到的效果。

七、守住底线，突出特点，不断做好投标文件的总结

守住底线、突出特点。守住底线是指招标文件强制性要求的内容必须全部响应，包括投标文件格式、招标文件要求表达的内容、封装要求等无理由按招标文件要求来做，不得随意改动，保证提交的投标文件满足招标文件要求，避免出现投标文件失效的情况。突出特点，

这就要求在保证投标文件基本的商务部分和技术部分做到内容全面、重点突出且符合招标文件规定的前提下，考虑一些创新点，做与其他竞标人不一样的内容，更能体现本监理项目特点的内容，例如：编制拟投标工程施工控制性网络计划图、总平面调整图等，类似工程业绩考虑增加工程实物照片和详细的文字描述，图文并茂地直观表达，突出监理工作亮点；提出有利于工期、质量、进度、管理方面有价值、实用的建议或意见，部分投标文件还可从标书目录、结构框架、编排版和包装等方面，作出新的设计，给评委专家耳目一新的感觉，以取得较好的竞标效果。

一般情况，不同地区、行业、项目，监理招标文件要求内容不完全一致。每次参与投标时，不能一味地搬抄以往类似的投标文件，而应结合本工程项目特色，力求创新，充分将投标人对项目的理解和投标精髓在标书文件中体现出来，以体现监理人的实力。每次投标结束后，不论中标与否，都应及时组织对投标过程及其结果进行分析和总结，寻找投标文件中存在的不足和可提升的空间，对照其他竞标人分析，弥补不足，不断提高投标文件编制水准与质量。其次，从

多渠道收集、学习好的投标文件，不断地分析自己的每一份投标文件的内在意义，不断思考提升投标文件的编制质量，提出新的创意，吸引评委的注意力，以增加评分得分筹码。

八、结束语

总之，工程监理投标是一项综合性、技术性较强的工作，是一项系统而又复杂的工作，随着招标市场的改革变化和发展，电子招投标将是以后及未来发展的趋势，投标人应做好招标前的各系统的备案、熟悉工作，加强对平日工作的日积月累和总结，对每次投标过程和结果作好全面的分析和总结，通过类似工程监理的实践经验总结，不断充实、完善自己，才能编制出高水准、高质量的投标文件。

参考文献：

[1] 工程建设项目施工招标投标办法（七部委30号令）.
[2] 建设工程监理合同（示范文本）GF—2012—0202.
[3] 建设工程监理规范 GB/T 50319—2013.

预拌混凝土驻站监理工作的特点分析与研讨

邵　昱

中咨工程建设监理有限公司

摘　要：本文结合常驻搅拌站针对预拌混凝土生产进行监理工作的实际经验和心得体会，详细分析阐述了驻站监理工作具备以下四项特点：1. 驻站监理工作很有必要而且开展得越早越好。2. 驻站监理工作具有极为重要的不可或缺性。3. 驻站监理工作的技术含量较高。4. 鉴于驻站监理的工作量大并且责任重大，因此对监理人员的素质要求较高。

关键词：驻站监理　事前预控　事中过程控制　事后控制

预拌混凝土驻站监理工作是随着我国与节能和环保相关的新政策与新法规出台后应运而生的行业，它的产生是为确保预拌混凝土在进行现场浇筑以前的源头质量能够得以控制。经过十余年的探索与实践，混凝土驻站监理工作的特点大致可归纳为以下四项。

一、预拌混凝土驻站监理工作很有必要而且开展得越早越好

2003 年 10 月 16 日由商务部、建设部、公安部和交通部联合发布的《关于限期禁止在城市城区现场搅拌混凝土的通知》（商改发 [2003]341 号文）规定："北京等 124 个城市城区从 2003 年 12 月 31 日起禁止现场搅拌混凝土，其他省（自治区）辖市从 2005 年 12 月 31 日起禁止现场搅拌混凝土。各城市要根据本地实际情况制定发展预拌混凝土和干混砂浆规划及使用管理办法，采取有效措施，扶持预拌混凝土和干混砂浆的发展，确保建筑工程预拌混凝土和干混砂浆的供应。"城市城区自 2006 年开始全面禁止在施工现场搅拌混凝土后，原先由现场施工单位负责进行生产和质量管理的那部分工作改由预拌混凝土生产企业（搅拌站）来负责实施。然而由于搅拌站出于环保要求一般都位于或陆续搬迁至郊区，因此对那些位于城区的项目由现场监理机构派员往返于工地和搅拌站之间开展监理工作会有诸多不便，尤其是在原材料进场检验环节和拌合物生产过程的质量控制环节，往返于工地和搅拌站之间进行上述工作很不现实而

必须由驻站监理取而代之，原因如下：

（一）生产预拌混凝土的原材料品种多、数量大，施工现场的项目监理机构派员奔波往返于工地和搅拌站之间进行原材料进场抽检会把大量时间耽搁在路途上。鉴于原材料品种有水泥、矿粉、粉煤灰、粗骨料、细骨料（包括天然砂和人工砂）和外加剂等多达六、七种，搅拌站作为预拌混凝土的专业生产企业对上述原材料的需求和消耗极大，特别是作为混凝土主要原材料的水泥和砂石料在施工旺季几乎每天都有数车进站，进场抽检和批次验收的工作量即使是对于常驻搅拌站的驻站监理来说也是极大的。如果由现场监理机构派员频繁往返于工地和搅拌站之间进行原材料进场抽检和批次验收显然不具备实际可操作性。

（二）按照《混凝土质量控制标准》

GB 50164-2011 第 7.2.1 条 的 规 定 ："在生产施工过程中，应在搅拌地点（搅拌站）和浇筑地点（施工现场）分别对混凝土拌合物进行抽样检验"。《预拌混凝土》GB/T 14902-2012 也作了类似的须在搅拌站进行拌合物坍落度检验的规定，例如，该标准的第 9.3.3 条要求："混凝土强度检验除了（在施工现场进行的）交货检验外还须进行出厂检验"，紧接着第 9.3.4 条规定："混凝土坍落度检验的取样频率与强度检验相同（即拌合物坍落度也同样需要进行出厂检验）"。按照上述规定的要求，在搅拌站内对混凝土拌合物坍落度的检验和强度试件的制取是伴随着混凝土生产的全过程随机进行的。作为常驻工地的现场监理，按照相关规范的要求做好预拌混凝土的交货检验（包括坍落度检测和强度试件的制取）和浇筑、振捣过程的旁站以及养护的监管就已经完成了针对混凝土施工质量的过程控制，然而在搅拌站内针对预拌混凝土的出厂检验（按照《预拌混凝土》GB/T 14902-2012 第 9.3.3.、9.3.4 条的要求同样也包括坍落度检测和强度试件的制取）工作的监管同样需要监理人员介入进行把关，要么是由工地现场的项目监理机构另外派员监管出厂检验工作，要么是由专业的驻站监理监管出厂检验工作，从规模效应的角度出发应该是由后者——专业的驻站监理来对出厂检验工作进行监管把关，因为一个搅拌站往往会同时供应着几个甚至十几个项目工地，如果这些工地的现场监理机构都派员介入出厂检验工作显然需要耗费大量的人力，另外人员众多的弊端是在驻站监理业务方面的水平和能力会参差不齐，

监管的工作效率及其效果无法像专业驻站监理那样能够产生规模效应。因为驻站监理业务除了把关原材料质量和监管出厂检验工作以外还有《生产组织方案》的审批、《配合比设计》的审批、试配工作的监管、开盘鉴定的旁站、强度和耐久性试验的见证、强度检验的统计评定复核以及全过程质量控制资料和监理资料的整理等大量的专业性工作，只有那些在驻站监理的业务理论方面经过一定深度的学习、在实际工作经验方面经过一定程度的积累以后的监理人员方可胜任。在驻站监理具体业务方面的阐述介绍详见本文"二"-"（二）"节，"驻站监理在对预拌混凝土质量的事前预控、事中过程控制和事后控制三个阶段都承担着重要的监管责任"；针对驻站监理工作在专业技术方面的特点介绍详见本文"三"节，部分"驻站监理工作的技术含量较高"；针对驻站监理人员的特点介绍详见本文四节，"鉴于驻站监理的工作量大并且责任重大因此对监理人员的素质要求较高"的内容。

综上所述，预拌混凝土驻站监理工作很有必要并且开展得越早越好。

二、预拌混凝土驻站监理工作具有极为重要的不可或缺性

（一）相关规范与标准中针对混凝土所提的要求除了涉及现场施工单位和现场监理机构的工作以外还有大量内容与混凝土搅拌站和驻站监理的质量管控工作有关。

混凝土作为包括建筑、市政等各类

工程在内的基本建设行业在结构工程施工阶段不可或缺的主要材料，其质量控制工作的重要性不言而喻：一旦出现不合格产品，轻则返修加固，重则拆除后重新施工，无论是工期影响还是经济损失都是极为巨大的。也正是基于混凝土生产与施工的重要性，建筑、市政等各类工程均将"混凝土结构"作为隶属于"基础结构"分部和"主体结构"分部的子分部工程来进行组织验收和资料归档，将"混凝土""现浇结构"等涉及预拌混凝土生产和利用混凝土拌合物进行施工作业的工艺流程作为隶属于"混凝土结构"子分部的分项工程来进行组织验收和资料归档。

以目前作为混凝土生产与施工质量管理的通用标准——《混凝土结构工程施工规范》GB 50666-2011 为例，该规范第 7 章"混凝土制备与运输"中的所有要求均与混凝土搅拌站和驻站监理的质量管理工作直接相关，是搅拌站和驻站监理对预拌混凝土产品的生产质量实施事前预控（具体要求详见第 7.2 节"原材料"、第 7.3 节"混凝土配合比"和第 7.6 节"质量检查"中的 7.6.1 ~ 7.6.4 条所述内容）、事中过程控制（具体要求详见第 7.4 节"混凝土搅拌"、第 7.5 节"混凝土运输"和第 7.6 节"质量检查"中的 7.6.5、7.6.8 ~ 7.6.9 条所述内容）、事后控制（具体要求详见第 7.6 节"质量检查"中的 7.6.6 ~ 7.6.7 条所述内容）的工作标准和定量依据。尽管该规范第 8 章"现浇结构工程"中所提出的大部分要求内容与现场施工单位和现场项目监理机构的质量管理工作直接相关（例如，第 8.2

节"混凝土输送"、第8.3节"混凝土浇筑"、第8.4节"混凝土振捣"等），但是也有一部分内容与混凝土搅拌站和驻站监理的质量管理工作间接相关（例如第8.1节"一般规定"的8.1.3和8.1.4条、第8.3节"混凝土浇筑"的8.3.4条和8.3.12条第1项、8.3.14条第2项等所提出的要求）。

再以目前作为混凝土生产与施工质量验收的通用标准——《混凝土结构工程施工质量验收规范》GB 50204-2015为例，该规范第7章"混凝土分项工程"中第7.1节"一般规定"里的7.1.4～7.1.6条和第7.2节"原材料"以及第7.3节"混凝土拌合物"里所提要求的全部条款内容均与混凝土搅拌站和驻站监理的质量管控工作直接相关。

（二）驻站监理在对预拌混凝土质量的事前预控、事中过程控制和事后控制三个阶段都承担着重要的监管责任

1.驻站监理在对预拌混凝土质量的事前预控方面应完成的工作内容和应承担的责任主要有以下五项：

①《生产组织方案》的审批：正如施工现场的项目监理机构需要审批施工单位的《施工组织设计》一样，驻站监理也需要审批混凝土搅拌站编制的《生产组织方案》，审批时把关的重点，一是生产企业资质和管理人员资格；二是质量保证措施和各项管理制度。作为驻站监理有责任和义务将质量保证体系中的不健全之处通过审批意见的方式以书面形式提出来，方案经修改或完善后方可签认并同意投产。

②《配合比设计》的审批：驻站监理需要以《混凝土结构设计规范》

GB 50010-2010、《混凝土结构耐久性设计规范》GB/T 50476-2008、《普通混凝土配合比设计规程》JGJ 55-2011等规范和标准作为依据审核混凝土搅拌站申报的《配合比设计》内容是否满足相关要求。

③配合比试配和确定工作的检查：驻站监理需要以《普通混凝土配合比设计规程》JGJ 55-2011第6章"混凝土配合比的试配、调整与确定"里的相关内容对试配工作进行跟踪检查，确认试拌配合比的拌合物工作性能符合设计与施工要求后跟踪检查配合比的调整与确定，确保拌合物中的水溶性氯离子含量和试块强度符合相关要求。

④原材料质量控制：驻站监理需要以《混凝土质量控制标准》GB 50164-2011以及与水泥，粗、细骨料，矿物掺合料，外加剂和水等原材料有关的现行国家或行业标准为依据，对上述原材料的质量保证资料进行核查并按相关规定进行批次验收。

⑤开盘鉴定：驻站监理在收到搅拌站的开盘通知后需要核对原材料品种是否与配合比设计中的原材料一致并对搅拌站根据砂、石的实际含水率和实际的砂含石率计算出的施工配合比进行验算，确认无误后还须对首盘混凝土的坍落度进行检查并见证首盘试块的制取，确保拌合物性能和试块强度满足施工与设计要求。

2.驻站监理在对预拌混凝土质量的事中过程控制方面应完成的工作内容和应承担的责任主要有以下两项：

①驻站监理需要对混凝土的拌合物性能承担监管责任。

根据《混凝土质量控制标准》GB 50164-2011第3.1.6条的要求，混凝土拌合物应具有良好的和易性，并不得离析或泌水。和易性包括流动性、黏聚性和保水性这三项性能，目前检验流动性是否良好的指标大多采用坍落度，鉴于坍落度是实测值，因此驻站监理需要检查生产制造单位是否按照第7.2.2条要求的检验频率对拌合物的坍落度进行了检测。和易性的另两项指标黏聚性和保水性目前大多采用外观检查的方式进行：按照《普通混凝土拌合物性能试验方法标准》GB/T 50080-2016第4.1.3条要求的步骤进行坍落度测定的同时进行外观检查，如果出现第4.1.5条的现象时说明黏聚性差；如果坍落度筒提起后发现有较多稀浆从底部析出并且混凝土因失浆而骨料外露时则说明保水性差。驻站监理在确认搅拌站质检人员按照规定要求的检验频率进行了检测并且结果合格后应形成相关记录并在检验资料上签认从而承担相应的监管责任。

②驻站监理需要对混凝土强度检验的试件取样承担监管责任。

根据《预拌混凝土》GB/T 14902-2012第9.3.3条关于出厂检验的要求，驻站监理在确认搅拌站质检人员按照该规定要求的取样频率以及《普通混凝土力学性能试验方法标准》GB/T 50081-2002第5.1.1条要求的方法与步骤制作完成试件后应形成相关记录并承担相应的监管责任。

3.驻站监理在对预拌混凝土质量的事后控制方面应完成的工作内容和应承担的责任主要有以下三项：

①当搅拌站按照《预拌混凝土》

GB/T 14902-2012 第 9.3.3 条关于出厂检验的要求制取强度检验试件后，经过标准养护（相关要求详见《普通混凝土力学性能试验方法标准》GB/T 50081-2002 第 5.2 节的内容）后将对试件进行抗压强度试验（相关要求详见《普通混凝土力学性能试验方法标准》GB/T 50081-2002 第 6 章的内容），驻站监理需要对试验过程进行抽查见证并形成相关记录从而承担相应的监管责任。

②搅拌站在完成对试件的抗压强度试验后需要按照《混凝土强度检验评定标准》GB/T 50107-2010 第 5 章"混凝土强度的检验评定"中所提要求进行强度评定，驻站监理有必要对检验评定结果进行平行复核并形成相关记录从而承担相应的监管责任。

③驻站监理需要将事前预控、事中过程控制和事后控制全过程阶段的质量控制资料进行整理归档，其中事前预控阶段的资料包括《生产组织方案》《配合比设计》，原材料质量保证资料、复试报告和进场验收记录，开盘鉴定等。事中过程控制阶段的资料包括旁站记录，预拌混凝土运输单（交接验收单）（该项资料在实际工作过程中一般由搅拌站保管、驻站监理抽查）等。事后控制阶段的资料包括出厂检验时制取的试块《混凝土抗压强度试验报告》；用于出厂检验的《混凝土试块强度统计、评定记录》《预拌混凝土合格证》等。之所以驻站监理要整理归档预拌混凝土的全过程质量控制资料是因为预拌混凝土生产只是混凝土结构工程施工的一部分，在混凝土拌合物出厂后还有输送、浇筑、振捣、养护等后续工作，当工地现场发现混凝土结构工程存在质量问题须分析原因时需要了解混凝土在原材料以及生产过程中是否存在缺陷，此时需要追溯搅拌站的原材料检验和生产过程控制资料，因此驻站监理有必要保存一套比较完整的具有可追溯性资料以配合质量问题调查和责任划分。

三、驻站监理工作的技术含量较高

（一）驻站监理不仅要以质量控制标准和验收规范为依据来对预拌混凝土的质量进行控制，而且需要对混凝土配合比的设计与确定进行把关审核以便复核搅拌站计算与调整后的配合比设计是否符合相关规定的要求。

（二）驻站监理除了需要熟悉与混凝土质量和验收标准有关的规范规程及标准以外还须了解设计单位针对混凝土的技术、质量要求。鉴于一家搅拌站往往同时供应着多家项目工地，因此驻站监理需要了解不同工地的不同设计单位根据现场实际情况所提出的技术要求。一般情况下设计单位会在结构施工图的"设计说明"部分针对混凝土提出相关要求（例如，本工程所使用的混凝土在原材料和耐久性方面需要满足哪些具体指标值以及需要采用哪些现行规范和标准等）。由于设计单位都会将《混凝土结构设计规范》和《混凝土结构耐久性设计规范》等设计规范选定为工程项目的标准规范，因此驻站监理除了需要熟悉掌握与混凝土生产与施工质量控制以及与质量验收有关的规范与标准以外还需要熟悉掌握与混凝土有关的设计规范。

（三）鉴于混凝土拌合物在硬化以后如果发现质量问题再返工整改将极为困难，因此混凝土生产与施工质量控制的重点在预控和过程控制阶段，特别是在质量预控阶段由于混凝土原材料的品种较多并且每种原材料都需要满足多项质量检验指标，所以针对原材料质量的检验与把关就成了驻站监理在混凝土生产质量预控阶段工作的重点与难点。当原材料进场时搅拌站在收集原材料厂家的出厂检验报告、出厂合格证等质量证明文件的同时还须按照相关规定的要求随机抽取样品在搅拌站试验室内进行试验检测，针对那些比较重要的检验指标还须按照相关规定的要求在驻站监理的见证下进行取样后送第三方专业检测单位进行复试检测。为确保在搅拌站试验室进行检测的试验数据准确无误，驻站监理有必要对试验过程进行随机见证，这就需要驻站监理在掌握各种原材的质量和试验方法标准的同时还应具备熟练的试验操作技能。

四、鉴于驻站监理的工作量大并且责任重大因此对监理人员的素质要求较高

（一）预拌混凝土生产的特殊性要求驻站监理应具备极强的工作责任心

同一家搅拌站经常同时供应着多家施工项目工地，工地现场出于保证施工进度的需要一般在周末都会加班进行正常施工，在进行混凝土浇筑作业时为了减少施工缝往往会白天黑夜连续作业，因此也就需要搅拌站连续供应混凝土，这就造成搅拌站的生产与质检人员以及

驻站监理的作息时间不规律并且工作强度非常大，一旦搅拌站的生产、质检人员或驻站监理在预拌混凝土的生产制造或出厂检验环节出现了懈怠情况就会对混凝土拌合物的出厂质量构成缺陷隐患，所以驻站监理作为搅拌站进行出厂检验的监管者责任重大，只有在必须的检验项目全部合格后方能签认验收资料，这就需要驻站监理具有极强的工作责任心才能在长时间高强度的抽检复核工作中确保零失误。

（二）驻站监理需要具备较强的学习能力

鉴于驻站监理在质量控制阶段需要以各类规范、规程与标准为依据开展工作，因此对规范与标准的学习和运用必不可少。在学习运用规范与标准的过程中需要不断地总结消化、融会贯通，当发现各类规范与标准之间存在差异时应按较高标准从严要求。例如《预拌混凝土》GB/T 14902-2012 第 9.3.3 条规定："针对混凝土强度检验的取样频率是每 100 盘相同配合比的混凝土取样不应少于 1 次"。紧接着第 9.3.4 条规定："混凝土坍落度检验的取样频率应与强度检验相同"。即混凝土坍落度检验的取样频率也是每 100 盘相同配合比的混凝土取样不应少于 1 次。但是在《混凝土结构工程施工规范》GB 50666-2011 第 7.6.5 条第 3 项规定："混凝土在生产过程中，拌合物的工作性检查每 100m³ 不应少于 1 次"（《混凝土质量控制标准》GB 50164-2011 第 7.2.1 条和 7.2.2 条的相关规定与之相同）。鉴于后者两本规范规定的取样频率要多于前者，因此在实际工作中应按照后者（《混凝土结构工

程施工规范》GB 50666-2011 和《混凝土质量控制标准》GB 50164-2011）的相关规定执行。再例如《混凝土结构耐久性设计规范》GB/T 50476-2008 第 36 页的表 B.1.1——"单位体积混凝土的胶凝材料用量"表里规定强度等级为 C35 的混凝土最大水胶比不宜超过 0.50。但是在《混凝土结构设计规范》GB 50010-2010（2015 版）第 14 页的表 3.5.3——"结构混凝土材料的耐久性基本要求"表里规定强度等级为 C35 的混凝土最大水胶比不宜超过 0.45（其他强度等级均存在同样情况）。鉴于后者规范的规定要严于前者，所以在实际工作中应按照后者的相关规定执行。

（三）驻站监理需要熟练掌握多种工作技能

驻站监理在质量预控阶段需要熟练掌握检验各种原材料质量的试验方法标准及其实际操作技能。在过程控制阶段需要熟练掌握检测拌合物工作性能的试验方法标准及其实际操作技能。在事后控制阶段需要熟练掌握检测试块强度和耐久性能的试验方法标准及其实际操作技能。驻站监理在对上述试验过程进行随机见证复核的同时还需要运用一些统计软件。例如 Excel、Spss 等进行数据记录与分析以便能反映质量状况的变化趋势。另外还需要定期按照《混凝土强度检验评定标准》GB/T 50107-2010 的相关要求进行试块强度的统计评定。

设计单位一般都会在结构施工图的"设计说明"部分针对混凝土提出相关要求，因此驻站监理需要通过结构施工图来了解设计单位在混凝土方面提出的技术和质量要求。因为同一家搅拌站一般

都同时供应着多家项目工地而每个项目工地的实际情况不尽相同所以设计单位出具的施工图内容也有所不同，因此驻站监理需要收集每个项目工地的结构施工图来全面了解不同设计单位针对不同项目工地的具体要求。为了节省收集图纸的时间和减少保存图纸的空间，通过电子邮件传送电子版图纸就成了驻站监理收集汇总各项目工地的结构施工图的首选手段。因此能够通过 CAD 软件阅读电子版结构施工图也是驻站监理应该掌握的基本工作技能。

参考文献：

[1] 混凝土结构工程施工规范 GB 50666-2011
[2] 混凝土结构工程施工质量验收规范 GB 50204-2015
[3] 混凝土质量控制标准 GB 50164-2011
[4] 预拌混凝土 GB/T 14902-2012
[5] 建筑工程施工质量验收统一标准 GB 50300-2013
[6] 混凝土结构耐久性设计规范 GB/T 50476-2008
[7] 混凝土结构设计规范 GB 50010-2010（2015版）
[8] 混凝土强度检验评定标准 GB/T 50107-2010
[9] 普通混凝土拌合物性能试验方法标准 GB/T 50080-2016
[10] 普通混凝土力学性能试验方法标准 GB/T 50081-2002

中型监理企业开展全过程工程咨询之思考

蔡清明　李华祥

武汉中建工程管理有限公司

摘　要：全过程工程咨询模式覆盖面广、涉及专业多、管理界面宽，对提供服务的企业专业素质和综合能力提出较高要求，这从住建部发布全国仅16家监理类公司入围的试点企业名单也可以看出。作为监理行业的大多数，中型监理企业如何适应这一变化，本文进行了一些思考。

关键词：监理行业　项目管理　全过程工程咨询　服务试点

一、我国工程监理企业的现状

（一）监理行业的现状

伴随我国建筑业超速发展的黄金二十年，内地监理行业也走过三十年的发展历程。三十年行业走过了从无到有，从少到多，从单一到繁而乱的过程。当前武汉市活跃200多家监理公司，且绝大部分是主营房建甲级资质的监理公司。资质的倒金字塔结构，业务的单一和同质化以及市场竞争的加剧都给监理企业的生存带来挑战。僧多粥少，必将导致低价格、低薪酬、低服务的恶性竞争。低价竞标不仅损害了监理企业的利益，更扰乱了监理市场的正常秩序。

当前监理企业的人均年产值在12~20万，远低于建筑业咨询和设计的收费（30~100万），造成留不住人才，服务工作前瞻性（即事前控制）大打折扣，监理的工作也由国家最初倡导的工程咨询属性，逐渐退化为现场监督型劳务监理，监理价值降低，监理企业的发展受限，从而使监理行业的社会地位下降。

（二）中型监理企业的困局

受规模所限，中型监理公司大多以监理业务为主，部分企业兼有造价咨询、招标代理以及检测等业务。大多监理企业业务主要为施工阶段的现场监督保证监理工作，没有独有的技术或管理优势，核心竞争力不强，监理业务容易被挂靠团队冲抢，导致低价中标现象普遍。尤其是更多企业主营市场上竞争最激烈的房建、市政监理业务，由于门槛低、从业单位多，以及监理市场价格放开等因素，中标价格有下降趋势。与人力成本不断提高形成鲜明反差，监理企业的效益下降明显，给行业的生存与发展带来挑战。待遇低下难以吸引和留住优秀人才，以现场监督为主的监理工作使行业入职门槛越来越低，从不同方面使监理行业陷入低价格、低层次和低服务困局。

一个成熟的市场应该由细分的市场需求决定，有一批特色鲜明的，专业突出的小公司提供个性化的服务，作为大型公司业务的补充与保障。目前中型企业多数特色不清晰，人有我有、人无我无现象普遍。

中型监理企业忙于市场经营承接任务，轻管理现象普遍，企业战略研究、核心能力培育、人才队伍建设等方面不太适应社会发展，转型发展困难较大。

二、发展全过程工程咨询的必要性

传统建设工程的目标、计划、控制都以参与单位个体为主要对象，项目管理的阶段性和局部性割裂了项目的内在联系，导致项目管理存在明显的管理弊端，这种模式已经与国际主流的建设管理模式脱轨。

全过程工程咨询是指涉及建设工程全生命周期内的策划咨询、前期可研、工程设计、招标代理、造价咨询、工程监理、施工前期准备、施工过程管理、竣工验收及运营保修等各个阶段的管理服务。高度整合的服务内容可助力项目实现更快的工期、更小的风险、更省的投资和更高的品质等目标，同时也是政策导向和行业进步的体现。

当前形势下，全面发展全过程咨询管理已经迫在眉睫，主要归结于以下几个因素：

（一）政策导向

2017年2月21日，国务院办公厅印发《关于促进建筑业持续健康发展的意见》（国办发［2017］19号），从国务院层面首次针对建筑业发展方向的发文，明确提出全过程咨询，鼓励非政府投资工程和民用建筑项目积极尝试全过程工程咨询服务。2017年5月，《住房城乡建设部关于开展全过程工程咨询试点工作的通知》（建市［2017］101号），明确了40家开展全过程工程咨询试点企业，其中来自于监理行业的有16家大型监理企业。

2017年6月，浙江省住建厅关于印发《浙江省全过程工程咨询试点工作

方案》（建建发［2017］208号），从政府引导、培育试点企业、明确资格要求、探索委托方式、探索计费模式、完善制度建设等六个方面提出了具体指导意见。以上可以看出国家以及各省市已加紧出台政策，引导全过程工程咨询快速推进。

（二）市场需求

实践证明，传统的工程管理模式已无法满足建设业主和社会的期待。传统的工程管理模式虽"五脏俱全"，但"各成一派"，各参建单位缺乏全局意识，利益永远高于品质。随后衍生的项目代建，也未从根本上解决问题。所以，当前的国内建筑市场，急需一种全新的工程管理模式，能够统一协调，全局考虑，在缩短工期、降低风险、节约投资、提高品质方面发挥作用。

（三）人才聚集

发展全过程工程咨询能够培育一批管理集约型、技术复合型人才，聚集吸收这样的一批高素质的工程项目管理咨询人才，优化和提升行业从业人员的素质和水平。对于提升行业的整体形象和市场的发展有着重要的意义。

三、中型监理企业开展全过程工程咨询存在的问题

（一）全过程咨询资源与能力的不足

随着安全责任的加大和现场文明施工管理责任的加入，造成目前监理工作主要围绕工程施工期间的质量与安全监督进行，而对投资控制、进度控制、合同管理等法律赋予的监管权利不断弱化。带来的后果是监理服务内容片面化，培养和留住复合型人才成为空谈。全过程咨询涵盖投资咨询、勘察、设计、监理、招标代理、造价等内容。目前很多中型

监理企业都不具备这些专业的资源，很多都是靠设立部门补齐专业版块，或者联合其他专业单位，带来的影响就是整体性不强，各专业口磨合不到位，导致整体的能力不足。

（二）专业不精不深

从国外来看，小型专业咨询公司是全过程服务的基础力量。现有中型企业监理业务大多是监督保证为主，虽也参与审批各种方案，但相对主控性规划或策划等咨询工作较少或不深，工程人员目前普遍存在专业水准不精不深，虽能够控制现场规范施工，但面对复杂状况下的解决能力不强，开展专业性的咨询能力也不足。

（三）企业管理的不适应

全过程工程咨询和传统的监理业务，对公司的战略、架构、管理制度等都有较大的区别，现有的中型监理公司按照监理业务而设置的部门，会割裂业务所需的各专业，带来管理上的冲突。

（四）市场尚须培育

目前，全面推动全过程工程咨询面临着市场需求不足的问题。很多业主单位的咨询意识仍不强。有的业主单位认为没有咨询需求，也有的业主单位认为咨询企业的能力未必比自己好，多数业主单位仅仅只是把一些专项的咨询打包出去，比如说造价咨询，设计咨询，工程监理等，并不放心让咨询企业独揽大局，做真正的全过程咨询服务。当然，咨询企业本身也存在业务能力无法完全满足市场需求。

因此转变业主方管理意识，提高咨询服务企业服务能力，逐步培育不同类型、不同特长的全过程工程咨询专业企业成为当前建筑行业亟待解决的一项重要工作。

四、中建管理公司工程咨询业务的探索

近年来，中建管理公司积极思考业务转型，规划变单一的工程监理为工程监理、项目管理两轮驱动，逐步向咨询公司转型推进。

（一）积极向项目管理转变

公司由单一的监理业务向工程监理、项目管理并重的转变，经历了统一思想、拓宽业务、规范项目管理三个阶段。

统一思想。首先，公司通过组织培训、专题研讨、和国外咨询公司交流等形式，深入讨论企业业务转型的各种问题，形成转型发展共识。

拓宽业务。公司在人员配置较强的监理项目，倡导多做项目管理相关事情，多参与到业主方的管理。公司鼓励监理项目多做监理外的工作，向项目管理工作拓展。早期公司在万科多个项目派驻工程师承担业主方工作，如计划管理、采购管理、资金管理等，让一批人扩宽了视野，积累了部分项目管理经验。

规范业务。通过孝感董湖群生项目管理、洪山区南环路项目代建等项目，制订项目管理（项目代建）业务制度、流程及考核办法，规范项目管理业务。

（二）工程监理＋项目管理一体化的成功实践

积累了万科多个项目部分开展项目管理工作的经验后，在业主当时倡导万科人主要做好投资人、专业人做专业事的背景下，武汉万科公司试点将万科Z项目的工程监理＋项目管理一体化业务交由中建管理公司完成。

万科Z项目共31万 m²，其中洋房68个单元，13栋高层，精装修交付；

公司项目管理团队派驻6人，监理团队10人左右，在前两年，两个团队相对独立工作，一人总负责，即项目管理的项目经理同时担当项目总监理工程师。两年后两个团队合并成为一体化团队。

本项目通过工程监理向项目管理转型，使两者深度融合，加强分工与协作，减少项目管理的内部工作界面，实现资源的共享，提高工作效率与质量。业主单位能够更专注地作专业投资人，项目管理更专注于项目组织管理工作。针对该项目特点，本项目管理工作重点放在策划优化、计划管理、防渗漏体系策划优化、园建先行、样板引路、实测实量、品质保障等方面。同时积极寻求业主城市公司各职能部门丰富的优秀地产商管理经验、支持与协作，充分发挥监理团队微观管理与监督的力量，主导施工阶段项目运作，制订工作和产品标准，制订项目工作计划，选择最优方案，落实最终目标。监理团队充分借助项管部宏观控制与协调的优势，参与项目运作，提出合理化建议，执行项目工作计划。

通过近三年的运行，该项目工程监理＋项目管理一体化业务取得了一定成绩。通过前期策划，在本项目进行了很多技术革新，因有更懂现场的公司管理人员加入，很多技术应用能得以快速高效落地，如全混凝土外墙，外墙免抹灰，尤其是内墙PC率100%为万科首次实现项目。第三方评估成效显著，连续三个季度武汉公司排名第一。后续合同签订，也顺利由一期原合同的14万 m²补充到一、二、三期的共计31万 m²；目前一期、二期已高品质交付，得到武汉万科"品质先锋表彰证书"；业主方最为关注的工期，通过科学优化，技术措施

跟进，在保证质量为优的前提下总体工期提前接近一年。

本项目也存在一些不足。对成本介入不深，业主单独聘请全程参与的专业造价咨询团队，公司对前期及外围工作介入不深，主要负责施工现场以内的管理工作；地产商对一体化管理模式的看法不一，有担忧核心竞争力丢失的顾虑等，导致这种模式无法复制；项目管理团队部分人员还不具备地产业主的管理能力。

（三）部分参与EPC项目工程咨询的实践

紧跟上级单位中建三局积极拓展EPC项目机遇，中建管理公司有幸参与了部分工作。某地奥特莱斯项目15万 m²，占地面积7.5万 m²，合同总价3.99亿元。公司参与该EPC项目总承包管理部的项目设计管理、项目管理工作。利用公司项目管理经验，为该项目的整体策划及实施方案不断优化，顺利实现了2016年5月进场，当年11月竣工验收，2017年3月整体移交投入使用的高效目标。充分展现了EPC项目高效的优势，业主方特别满意并将其他各地的100多万 m²施工业务直接委托。尤其是参与设计管理的人员，负责协调设计与施工的进度配合，保证出图时间满足施工进度。利用同类建筑工程的技术指标进行科学分析、比较、优化设计，在保证建筑功能及技术指标前提下，合理分解各专业限额，把技术与经济结合。该项目充分作到了设计与采购、设计与施工、设计与商务、设计与功能相融合，进度、功能、质量、成本、效益等方面不再是矛盾体而作到了兼顾统一，成效显著。

该项目总承包管理部大部分工作属

于全过程工程咨询内容，充分发挥了技术咨询人员（包括项目管理、设计管理人员）的前期策划组织能力，尤其是提前要求施工方、分包方技术团队，在前期策划时一起参与，提前消化施工中出现的问题，充分发挥了全过程一体化思考与管理的优势。

（四）系统部署储备力量

回顾中建管理公司的发展历程，是一个紧追行业发展趋势，积极整合资源，打造综合性项目管理能力的发展过程。从2012年开始不断拓展，将监理业务前移发展项目管理业务，监理业务后移开展了专业交付验房、维修管理等业务，同时通过开展第三方评估拓展咨询业务模式。2017年更是吸收了中建三局二公司深化设计中心，完成了与设计管理业务的整合，逐步由单一监理服务向多元咨询业务转型。在不断地拓展中既增强企业服务能力，也为发展全过程工程咨询业务，做好人才储备打下坚实基础。

五、中型监理企业全过程工程咨询发展模式及建议

全过程工程咨询不可能仅有少量的大型监理咨询企业提供服务，必将是大型、中型、小型企业共存互为补充、协调发展。作为中坚的中型监理企业可以从以下几方面拓展：

（一）先专而精

中型监理企业不可能只做全过程工程咨询业务，但是可以为业主提供更多专业的服务。所以说做好工程监理是中型监理企业生存与发展的前提和基础，做专施工阶段监理工作，才能积累人才、经验与市场。逐步发展特色鲜明的专业

服务，在细分专业版块做深做精，比如精装修住宅、别墅工程、商业综合体、医院工程等某一类的监理和咨询等，再向全面监理和全过程监理发展，进而开展项目管理工作及全过程工程咨询也能得心应手。国外一些项目的咨询由十多家专业公司参与，由一家咨询公司牵头＋多家专业咨询公司，诸如擦窗机、机电工程、玻璃幕墙等小专业咨询公司都发展得很好。

（二）贴身服务响应快

中型监理企业开展全过程咨询部分业务应更多地迎合行业和市场需求，拓展多元化的产品服务。利用机构小与业主对接更快捷的特点，快速响应业主服务需求，为业主提供很多的贴身定制服务。比如"监理＋成本管理""监理＋维保""监理＋运维""监理＋设计管理"等组合模式的工程服务，或其他个性化增值服务，突破传统模式，积极迎合行业变革。

（三）整合联合资源形成强大的公司能力

要想在全过程工程咨询中寻求更多份额，中型监理企业还须整合各阶段服务的资源。在投资策划与可行性研究阶段，联合工程咨询、造价咨询机构；在设计阶段联合勘察、设计咨询机构；在施工阶段须整合专业机电工程、精装工程等专业公司。只有这样全周期地整合联合资源，才能突破传统监理企业局限于施工阶段的瓶颈，扩宽管理界面，贯穿建筑工程寿命周期的各个阶段。通过积累，拥有一批设计、施工和工程管理经验丰富的顾问工程师，形成强大的公司咨询能力，是必然之路。

在强大实力后，部分优秀的中型监理公司将会成为全过程工程咨询的中坚

力量。

（四）政府扶持＋社会信任＋企业积极作为

湖北省的全过程工程咨询工作亟须政府的支持，否则很难追赶先行一步的浙江等省。建议像其他省一样，出台政策鼓励依法必须实行监理的工程建设项目采用全过程工程咨询服务的方式。对于国有资金控股或者占主导地位的工程建设项目，提倡采用全过程工程咨询服务的方式进行工程管理服务。明确对于选择具有相应工程监理资质的企业开展项目管理的工程，可不再另行委托监理单位。

同时呼吁各建设单位放眼长远，给予新生事物更多的鼓励和理解，按照住建部关于建筑业持续健康发展的战略部署积极推进各项改革，响应"专业人做专业事，专业人做事价值更好"的号召，给包括中型监理企业在内的各类有条件开展全过程工程咨询服务的建设主体单位更多的发展空间和舞台，促进我国建筑业长期健康可持续发展。

诚然，建议政府职能部门加快推进全过程工程咨询服务试点，培育全过程咨询服务市场，营造健康有序发展氛围，呼吁建设单位转变思维，提供服务舞台固然重要，但更重要的是包括中型监理企业在内的各类有条件开展全过程工程咨询服务的企业能够牢固树立"有为才有位"的思想，积极加强人才队伍建设，开展各类实践与尝试，提高服务能力，为所有的服务对象提供市场所需的专业价值服务，才能促进全过程工程咨询行业沐浴改革的东风，在各界有识之士的共同努力和实践下茁壮成长，扬帆远航。

项目管理咨询公司与BIM

周 洪

武汉宏宇建设工程咨询有限公司

摘 要：简要介绍了BIM技术、建筑业推行BIM技术前景和必要性。并对项目管理咨询+BIM的可行性作了初步探讨。

关键词：BIM 必要性 可行性

BIM 的英文全称是 Building Information Modeling，国内称之为建筑信息模型。自从 1975 年"BIM 之父"——乔治亚理工大学（Chuck Eastman）教授创建 BIM 理念以来，得到了全世界的普遍推广和迅速发展，BIM 的价值正在不断地被认可和提升。

那么什么是 BIM？国家住房和城乡建设部工程质量安全监管司吴慧娟司长是这样解释的：BIM 技术是一种应用于工程设计、建造、管理的数据化工具，通过参数模型整合各种项目的相关信息，在项目策划、运行和维护的全生命周期过程中进行共享和传递，使工程技术人员对各种建筑信息作出正确理解和高效应对，为设计、施工、运营等单位提供协同工作的平台，在提高生产效率、节约建设成本和缩短工期方面发挥重要作用。

当前我国建筑业已步入全面提升品质和效率的发展阶段，这也为 BIM 技术的应用提供了推广和发展的契机。利用 BIM 的可视化、协调性、模拟性、优化性、可出图性、一体化性、参数化性、信息完备性等八大特点，使项目管理 BIM 应用平台充分发挥其"三维渲染、宣传展示""快速算量、精度提升""精确计划、减少浪费""多算对比，有效管控""虚拟施工，有效协同""碰撞检查、减少返工""冲突调用、决策支持"等优势。

一、建筑业 +BIM 的必要性

当建筑业遇到 BIM，BIM 将以信息为核心、以模型为载体，从 3D 到 6D（常规的 3D+ 时间 + 造价 + 质量）甚至更多 D 的模型建立，打破项目管理、设计、施工、监理、运维等项目各参建单位和项目各实施阶段之间的屏障，有效整合传统分散、独立运作的现状，贯通整个项目的全生命周期，更新和利用项目每一个构成单元的信息数据，真正实现共用一个平台进行信息交流、数据共享，实现信息、数据、管理的价值最大化。另外，还可以让项目的建设过程直接展示在公众面前。如对每一个构件甚至小到一颗螺丝的所有信息都可随时查询，真正实现过程可视，让更多的人更加直观地了解项目建设情况。

BIM 是建筑业站在技术和互联网肩膀上的一次新超越，不仅是现有技术的进步与更新，更是建筑生产组织模式和管理方式的转变，将会对整个建筑行业产生深远长久的影响，建筑行业上下产业链中各参建单位也将面临产业信息化的强烈冲击。

我国建筑行业引进 BIM 技术短短数年，从国家 BIM 标准的制定、各行业协会与专家的推广、科研院校的研究、软件商的大力开发、建设单位的意识、设计院的重视、施工单位的应用，推行建筑业 +BIM 是时势所迫，势在必行！

二、项目管理咨询 +BIM 的可行性

近几年 BIM 应用已在国家会展中心、中国尊、广州周大福金融中心（东塔）项目、亚洲最大生活垃圾发电厂、天津 117 大厦、上海迪士尼度假区"金牡丹"、苏州中南中心、珠海歌剧院、上海北外滩白玉兰广场、北京绿地中心等规模大、体量大、造型独特或某某第一（如亚洲第一高）或某某之最（如室内泳池高度世界之最）的项目上取得了骄人的成绩，其中"中国尊"项目是国内首个采用全生命周期深入应用 BIM 技术的项目，为 BIM 应用体系的成熟发展奠定了坚实的基础。但在常规项目的建设中，并没有得到广泛的运用，处于一个看似火热实则并没有多少建设项目应用的尴尬困境。

这与项目的复杂性和一次性特点有关。目前我国建筑业 BIM 的应用，几乎全部都是以施工单位或其与设计单位联合体的自觉应用为主，其所应用的 BIM 大多为施工阶段的"翻样"，仅是项目全生命周期中施工阶段应用，故对我们预设的土木建筑全生命周期的 BIM 应用实质性意义不大。从全生命周期角度出发，建设单位作为建设项目的出资方和使用者，其职能最能保证 BIM 的全面应用。但因其项目建设的数量偏少，积累的经验具有一次性和无法承续特点。无论是施工单位还是设计、施工联合体还是建设单位，均无法实现 BIM 技术应用的有效积累，故对 BIM 技术的持续和深化应用也存在较高的成本和不稳定性，这就造成其应用 BIM 的信心和动力严重不足。而能有效集成设计、施工、建设单位的优势并摒弃劣势，就只有项目管理咨询公司，就整个建筑业内所涉及的业务覆盖面而言，项目管理咨询公司也确实是最全面最广泛的，故充分、全面应用 BIM 的非项目管理咨询公司莫属。

三、项目管理 BIM 应用体系设想

对于建设项目而言，我们可以把项目决策看作为 BIM 的启动阶段，设计为

BIM 实施的初步阶段，施工为 BIM 的集中利用阶段，运维为 BIM 价值最大化利用阶段，故项目管理 BIM 应用体系应包含项目建设的全生命周期，应根据项目建设各个阶段的不同特点，找寻每个建设项目各阶段的相同性，组建 BIM 应用模型，形成 BIM 应用体系。

目前我国常用的 BIM 软件主要有 BIM 核心建模软件、BIM 方案设计软件、BIM 结构分析软件、BIM 可视化软件、BIM 模型综合碰撞检查软件、BIM 造价管理软件、BIM 运营软件等七大类，基本是各司一方、各自为政、互不干扰，理想的项目管理 BIM 应用体系应包容这些专业软件，注重项目的整体性、系统性，有效整合资源，在数据传输和功能方面充分融入，通过后台数据服务器，方便各专业软件终端数据的统一存储、检索、调用，扩大并链接这些分散的软件特有的功能等，大大提高从设计、造价、建造到运营维护的信息决策与集成化程度，从而提高建设效率、保证建设质量、有效缩短建设期、降低建造成本等，从而提升项目管理咨询行业的整体水平。

项目管理BIM应用设想 表

主要BIM应用设想		计划成果
项目决策	项目可行性评估	通过调用同类型、同规模、近地段项目的历史数据，对项目可行性进行评价，并得到估算报告
	项目管理策划	通过调用同类型、同规模、近地段项目的历史数据，自动生成项目建设总进度计划网络图、项目建设资金使用总计划、项目建设总采购计划等项目管理策划性文件或报告
设计管理	方案设计	充分发挥BIM的"所见即所得"，进行漫游式体验，可最大限度兼顾建设单位的建设功能需求和美观要求
	设计	通过批准的建设方案进行项目的初步设计、施工图设计等
	设计的模拟实验	通过BIM的模拟性，进行节能、日照、紧急疏散、热能传导等技术方面和项目建设投资方面的模拟，根据模拟结果，调整设计文件，达到规范要求
	强条的检验	对照国家强条要求，逐一检查设计文件，根据检查结果，调整设计文件，使之不违反强条要求
	碰撞检查	系统自动检查各专业设计文件之间的缺漏碰撞，优化净空，优化管线排布方案；自动生成碰撞优化后的三维管线方案，可用之对施工方进行设计交底

续表

主要BIM应用设想		计划成果
设计管理	限额设计	对通过以上检查的设计文件，系统自动生成造价报告，根据报告的结果，调整设计文件，以同时满足规范要求和达到建设单位的投资控制目标
	深化设计的冲突检查	对于如幕墙、钢结构、电梯等深化设计文件，应从技术和造价两方面进行检查，应能满足原设计的要求，同时还应不突破原预算目标
	设计图纸管理	收录历次的设计图纸，根据时间顺序做好台账，同时还须标注修改的原因、修改的文件、造价的变动以及图审结果、BIM检查结果、纸质版设计文件原件的流向等
	竣工图	根据合格的设计文件、获批的工程变更等，系统自动生成竣工图以及相应的三维建筑模型（含管网）
投资控制	项目建设的五算	根据项目的实施进度，系统自动生成估算、概算、预算、结算、决算报告
	工程变更	系统自动对工程变更从技术和造价方面进行可行性、必要性分析，并生成报告
	现场签证	系统自动计算出工程变更后工程量和造价的变动，并生成报告
进度控制	进度实施动态	根据项目每日的实施动态，系统自动变化进度标识，自动与计划对比，形成周进度对比报告；可利用网络图、横道图甚至三维立体图表示，应能自动切换不同的表现形式，直观明了
	进度动态进度报告、分析、调整等	根据定期的进度对比报告，系统自动生成进度调整的建议报告，由项目管理咨询公司和建设单位确定后，进行进度调整，并留有记录
质量控制安全管理	设计交底	设计单位可将合格的设计文件，以三维立体的形式向施工单位进行交底，增强了与施工单位的沟通能力，同时也相应地提高了施工质量，减少了返工率
	施工模拟	通过BIM的模拟性，依据合格的设计文件，模拟现场施工，确定最佳的施工方案和安全施工方案，大大减少建筑质量、安全问题，较少返工和整改
	材料、设备的监控	从进场、复检直至用于项目实体中，可通过二维码等技术跟踪监督其合格性，并在模型中展示，任何人均可查看相关信息
	监督管理	实现检查数据的实时采集、传输、整改措施及落实等的数据化、常态化、动态化、轨迹化监控，并在模型中向所有参建单位予以展示
验收管理	分部分项工程验收	将所有检查、验收的资料、结果链接到模型中，并向所有参建单位予以展示
	专业工程验收	
	专项验收	
	竣工验收	
运维阶段	信息查询	根据竣工图可方便查询物业公司所需要的信息，特别是管网方面的信息
	提醒和警报	设备与系统运行维护过程中，实现系统预警、现状报告和紧急警报等功能

结语

BIM 不是简单的将数字信息进行集成，而是一种数字信息的应用，是可以用于设计、建造、管理的数字化方法。这种方法支持建筑工程的集成管理环境，可以使建筑工程在其整个进程中显著提高效率、大量减少风险，在项目建设的应用方面价值不容小觑，建筑业 +BIM 的结合创造了一场建筑业的革新，将会强烈冲击项目建设的各参建单位，成熟的项目管理 BIM 应用体系，将会改变项目建设管理的内容、方法、标准以及管理运用手段等，使项目建设透明化、标准化、阳光化，形成较高的社会效益和经济价值。作为项目管理咨询公司更应积极推广、研究、应用 BIM，否则就会遭到淘汰。

参考文献：

[1] 杨文广.BIM与咨询公司转型发展.中国工程咨询，2015年第4期.
[2] 高恒等.基于BIM技术的进度预测在工程中的应用.建筑技术，第47卷第8期.

PM+安全监理信息化系统探讨

杨 洪

四川二滩国际工程咨询有限责任公司

互联网毫无疑问是我们这个时代最重要的一场技术革命，它在根本上改变了这个时代的一切。回顾互联网 20 多年的历史，试图去理解背后的本质因素，对于传统行业中的安全生产监理管控会有很大的帮助。我们发现：如何统一标准规范，运用大数据技术开展安全生产规律性、关联性特征分析，提高安全生产决策科学化水平将成为安全生产监理今后的发展方向。作者试图从目前安全生产监理管控的模式入手，以互联网的角度审视现阶段安全生产管控的弊端；以信息化管控的趋势分析安全生产管控发展的趋势，结合二滩国际"PM+ 安全管理信息化"系统的运行，试图找到互联网时代安全生产监理管控的数据智能化管控方向。

一、现阶段安全生产监理管控的形势

（一）现阶段安全生产的总体形势

1. 当前安全生产的总体形势

当前我国正处在工业化、城镇化持续推进过程中，生产经营规模不断扩大，传统和新型生产经营方式并存，各类事故隐患和安全风险交织叠加，安全生产基础薄弱、监管体制和法律制度不完善、企业主体责任落实不力等问题依然突出，生产安全事故易发多发，尤其是重特大安全事故频发的势头尚未得到有效遏制，一些事故发生呈现由高危行业领域向其他行业领域蔓延趋势，直接危及生产安全和公共安全。

2. 解读《中共中央国务院关于推进安全生产领域改革发展的意见》

当前一些地区和行业领域安全事故多发，根源是思想意识问题，抓安全生产态度不坚决、措施不得力。党中央、国务院的意见指出，要坚守"发展决不能以牺牲安全为代价"这条不可逾越的红线，构建"党政同责、一岗双责、齐抓共管、失职追责"的安全生产责任体系，推进安全监管体制改革，坚持管生产必须管安全，充实执法力量，堵塞监管漏洞，切实消除盲区。

2016 年 12 月 18 日，《中共中央国务院关于推进安全生产领域改革发展的意见》正式公布。《意见》是历史上首次以党中央、国务院名义印发的关于安全生产的文件，充分体现了以习近平同志为核心的党中央对安全生产工作的极大重视，标志着我国安全生产事业进入新的发展时期。

（二）现阶段安全生产监理管控的形势分析

1. 从"清华附中案"看监理承担的安全职责

北京建工一建工程建设有限公司和创分公司于 2014 年 6 月承建清华附中体育馆及宿舍楼建筑工程过程中，于同年 12 月 29 日，因施工方安阳诚成建筑劳务有限责任公司施工人员违规施工，致使施工基坑内基础底板上层钢筋网坍塌，造成在此作业的多名工人 10 死 4 伤。

（1）事故原因分析

根据调查报告，导致本次事故发生的主要原因为，未按施工方案要求堆放物料，施工时违反《钢筋施工方案》规定，将整捆钢筋直接堆放在上层钢筋网上，导致马凳立筋失稳，产生过大的水平位移，进而引起立筋上、下焊接处断裂，致使基础底板钢筋整体坍塌；未按方案要求制作和布置马凳，现场制作马凳所用钢筋的直径从要求的32mm减小至25mm或28mm；现场马凳布置间距为0.9~2.1m，与要求的1m严重不符，且布置不均、平均间距过大；马凳立筋上、下端焊接欠饱满。

导致事故发生的间接原因为，技术交底缺失；经营管理混乱，致使不具备项目管理资格和能力的杨某某成为项目实际负责人，客观导致施工现场缺乏专业知识和能力的人员统一管理的局面；监理不到位，项目经理长期未到岗履职，对项目部安全技术交底和安全培训教育工作监理不到位，致使施工单位使用未经培训的人员实施钢筋作业。

（2）事故处理

郝某某，总监理工程师。未组织安排审查劳务分包合同，与张某某（执行总监，有期徒刑4年6个月）对施工单位长期未按方案作业的行为监督检查不到位，未监督钢筋施工交底、备案项目经理不在岗等，判有期徒刑5年。田某某，监理工程师兼安全员。对现场未交底的情况未进行监督，与耿某某（监理工程师，有期徒刑3年缓刑3年）对作业人员长期未按方案作业的行为巡视检查不到位，判有期徒刑4年。

（3）事故启示

一是对项目经理长期未到岗履职的问题监理不到位，且事故发生后，伪造了针对此问题下发的《监理通知》。二是对钢筋施工作业现场监理不到位，未及时发现并纠正作业人员未按照钢筋施工方案要求施工作业的违规行为。三是对项目部安全技术交底和安全培训教育工作监理不到位，致使施工单位使用未经培训的人员实施钢筋作业。

2. 从"11.24江西丰城电厂事故"看监理承担的安全职责

2016年11月24日7时30分许，由中国电力工程顾问集团中南电力设计院总承包、河北亿能烟塔工程有限公司施工分包的江西省宜春丰城电厂三期扩建工程D标段冷却塔平桥吊倒塌，造成上方施工模板混凝土通道坍塌，造成74人遇难，2人受伤。

（1）事故原因分析（该分析根据现有资料分析，不代表最终判定）

直接原因：

冷却塔施工平桥吊因超载或其他原因倒塌。

间接原因：

①混凝土养护期不够，强度未达标。

施工方因赶工期，依据施工经验感觉混凝土已经干了，于是24日工人便开始拆除冷却塔外围的木质脚手架。但可能由于天气原因，混凝土强度并没有像所想的那样干透，于是尚未干透的混凝土开始脱落，最终倒塌。

②施工组织设计不到位。

塔吊装备设计有问题，塔吊附着在架体上，当塔吊因超载倾倒或者其他原因倾倒时连同架体一起倒塌。

③安全生产管理方面混乱。

整个项目处于赶工期时段，塔吊司机很可能疲劳驾驶或者是操作失误导致塔吊倒塌。项目安全检查流于形式，安全隐患排除不到位，形成多米诺骨牌效应，当一处小隐患存在时，引发了一系列隐患的存在。

（2）事故处理（暂时）

截至目前被逮捕人员共计25人（重大事故责任罪13人，生产销售伪劣产品罪2人，玩忽职守罪9人，行贿罪1人）。其中监理单位丰电三期扩建工程项目部，工程监理部总监胡某某，重大责任事故罪；工程监理部安全总监缪某某，重大责任事故罪。

（3）事故启示

监理单位未结合现阶段的重点工作，抓住季节特点和重要时间节点，把握工作规律，严格进行危险源辨识工作并采取相应的控制措施，建立危险源辨识台账并及时更新。

3. 从案例分析安全生产监理管控的重点

从以上两个真实的案例分析可以看出，监理单位的安全监督责任主要可以总结为以下四点（在此暂不讨论监理的主体责任）：

（1）对施工组织设计中的安全技术措施或者专项施工方案进行"强审"。

（2）发现安全事故隐患及时要求施工单位整改或者暂停施工。

（3）施工单位拒不整改或者不停止施工，及时向有关部门报告。

（4）依照法律法规和工程建设强制性标准实施（监督检查）监理。

监理工程师安全生产管控的核心业务是审核安全专项方案是否符合强制性标准要求，以及监督检查承包人是否按照审核方案在施工过程中严格实施。如果说审核安全专项方案对于监理工程师来说还利于控制，因为承包人在作业前必须进行方案的申报，得到允许后方能施工；那么过程中的严格监管将成为监理工程师安全生产管控的难点。

二、现阶段安全生产监理管控存在的问题

（一）监理收费偏低，影响安全生产监理工作的正常开展

目前监理市场竞争日益激烈，一些监理单位相互压价，残酷竞争，很多建设单位不是优先考察监理单位的资质、人员的素质，而是以最低的监理取费标准作为选择的唯一标准，从而监理企业承揽工程项目的监理费远远低于国家取费标准，致使这些工程项目安全生产监理组织机构不健全，未建立和完善工程监理的内容和程序，安全生产监理人员配备不齐全，投入人员少，专业不配套。不能指导项目监理机构有效地开展安全生产监理工作。

（二）监理单位安全责任意识不强，监理作用发挥不够

一部分监理单位对安全生产监理工作思想不重视，认识不到位，只注重施工质量、进度和投资的监控，没有按规定编制监理规划及监理细则，只是将安全生产监理放在质量控制工作内容的一个分项，认为安全管理是施工单位自己的事，不愿投入精力抓安全。部分监理人员安全意识淡薄，工作责任心差，不按要求履行安全生产监理职责，工作马马虎虎，敷衍了事走过场，该进行检查时不检查，

该旁站监理时不旁站，对施工单位安全生产听之任之，安全生产监理不能有效地发挥作用。

（三）安全生产监理人员配备不足，工作难以正常开展

由于监理单位对安全工作不重视，导致个别工程项目安全生产监理机构形同虚设，监理人员队伍不稳定，变动频繁。甚至有的一个注册监理工程师担任几个项目工程的总监理工程师，一个安全生产监理员身兼数职，起不到应有的安全监督作用，更无从谈起开展日常安全监督、隐患排查及安全大检查等活动，由于监理组织机构不全，人员不足，安全生产监理工作难以正常开展，安全生产监理成为一句空话。

（四）安全管理人员结构性矛盾突出，监理队伍总体素质参差不齐，安全专业知识贫乏

因为监理是新兴行业，专业监理人员非常紧缺，有的监理从业人员是从其他部门转行半路出家，有的是退休兼职，学历相差悬殊，且文化水平偏低的占绝大多数。部分监理人员仅经过简单的培训就上岗，缺乏必要的安全专业知识，连诸如脚手架搭设、基坑支护、起重吊装等安全专项施工方案都看不懂，不能发现安全技术方案中的错误和存在的问题，对是否符合工程建设强制性标准也不甚清楚，不能及时有效地发现和消除施工现场安全隐患。

三、从现代网络商业探寻安全生产监理管控的新模式

（一）"三浪"叠加的网络商业变革

技术变革、经济结构变化带来的商业大变化，不但激烈而且迅猛，变化的周期又很短。所以经常在一个时间点出现三个发展周期的叠加。在当时那个时间点来看，三种模式都有很不错的发展，非常难判断到底什么才是未来的趋势，如何作战略选择。如果趋势判断错了导致战略上的保守，很容易被下一浪快速淘汰。所以理解和判断我们到底在什么样的时代，面临什么样的机会，是战略决策第一

图1　二滩国际PM+安全监理信息化系统之文件宣贯界面

图2　二滩国际PM+安全监理信息化系统之ETI安全微课堂及移动APP进入界面

步。这就叫做"三浪"叠加的时代，它把我们所面临的复杂度又上升了两个量级。

这里，先让我们回过头来看看，零售业的"三浪"叠加：

2008年淘宝全年零售总额达到了999亿，当年国内最大的三家零售企业是国美、苏宁和百联，都是刚刚超过1000亿。如果回到2008年这个时间点，把传统零售称为1.0，国美、苏宁为2.0，淘宝为3.0模式的话，当时国美、苏宁的2.0模式正如日中天，正在经历一个超高速发展的阶段。传统零售发展其实也很好，虽然淘宝已经是每年都在翻倍增长，但毕竟总量还小，而且模式依然受到很多人的质疑，认为增长随时会停滞下来。

那个时间点，对于零售来说就是个典型的"三浪"叠加的情况，三个模式发展得都不错，都有自己的信仰者，未来到底会怎么展开，其实很不明朗。但这个时间点做的战略选择，直接决定了企业未来的命运。短短四年后，到了2012年，淘宝全年的销售就超过了1万亿，遥遥领先，而传

统零售开始负增长，2.0的模式增长也开始缓慢起来了。

如果我们带着今天的理解，回到2008年，战略选择当然会很容易，可是谁也没有能预知未来水晶球。其实我们传统的安全生产监理今天面临的几乎是同样的挑战。传统的安全生产监理管控，简单地将安全管理的某一个点如：隐患排查映射到网络形成所谓的互联网＋安全管理；网络协同＋数据智能的安全生产监理管控等，也构成了"三浪"。

（二）从安全生产监理的法责看安全生产监理的网络协同应用

回到2003年的淘宝，是当时买了一个特别简单的软件，然后就开始建立一个网站跑起来的。淘宝早期核心就是一个社区，这一点很多人可能根本都没有想到。淘宝之所以后来会演进成一个协同网络，跟起点或者说它的基因就是社区有很大的关系。采访早期的淘宝卖家和各方面的参与者，包括淘宝内部的员工，提炼出来的一个词就是"我们"。那个时候所有的人都把淘宝当做"我们"，这是淘宝能高速发展扩张成一个网络很重要的原因。大家都把淘宝当作自己的，会愿意去建立这样一个共同体。原因就是，它的起点是一个社区，大家会有各种各样的交流。

如何借鉴淘宝的模式，结合前文安全生产监理的典型案例分析可以看出：如何能在第一时间反馈建设单位协同处理安全管理过程中发现的隐患，提高安全生产监理的过程控制能力，将大大降低事故发生的可能性。在现阶段如果能够建立某一种网络联系，将参建四方在安全管控上链接起来，形成合力。建立针对一个项目的网络协同管理应用的平台，充分调动业主、设计、施工等单位的主体力量，将完全改变固有的安全生产监理模式，大大降低安全生产监理风险。

（三）从安全生产监理的弊端看安全生产监理的数据智能应用

从安全生产监理的弊端来看，如何更大规模地安排专业安全生产监理进行风险预控是安全管控的重点。由于现阶段低价中标的工程安全管理责任

却越来越重，而安全管理人员的结构性矛盾，导致安全生产监理的专业人员严重不足。如何解决这种安全生产监理的矛盾，唯有数据智能，方能大幅度提高安全生产监理的生产力。

就像优步和滴滴一样，优步和滴滴把一个传统行业改造为一个基于数据和算法的智能商业。由于移动互联网的普及，智能手机变得极为廉价，GPS 实时地图服务也足够准确，乘客和司机的位置可以实时在线。而云计算、人工智能、机器学习的高速发展，使得实时匹配海量乘客和车辆成为可能。乘客和司机能够得到的高效和便捷，远远超出了传统出租行业。

而安全生产监理如何像打车软件一样实现数据智能呢？

四、PM+ 安全监理信息化管控

PM+ 系统是基于互联网云计算技术的信息管理系统，是目前二滩国际管理标准与管理程序落地的标尺、方法与平台。通过 PM+ 系统为新项目传递"优秀管理基因"，实现项目"提质"；通过基于互联网的"云服务"平台，公司总部同步参与项目管理，对项目进行监督、检查，为项目提供技术支持及咨询服务，实现项目"增效"。PM+ 安全监理信息化管控，就是基于项目管理的安全生产管控模式的具体落实。

（一）通过 PM+ 安全监理信息化系统实现网络协同

1. 安全生产监理核心业务的在线化

要实现安全生产监理工作的网络协同，第一步必须将安全生产监理工作的核心业务在线化。二滩国际 PM+ 安全监理信息化系统根据最新的《企业安全生产标准化基本规范》GB/T 33000-2016，结合公司实际，将安全生产管理的八大要素进行在线化。

（1）以日常收发文的在线处理，实现各类安全生产管理文件的上传下达，并建立台账，方便检索。同时，使所有监理人员对于安全生产文件的学习自

图3 二滩国际PM+安全监理信息化系统之在线化界面

图4 二滩国际PM+安全监理信息化系统之白鹤滩安全教育培训记录表共享

然在网络上留下痕迹。集成在线学习平台"ETI 安全微课堂"，使安全生产管理人员可实现远程在线学习，适时解决安全生产监理工作分布广、无法第一时间集中安全教育问题。

（2）以标准化的安全生产监理架构，远程教会大家如何建立安全生产监理标准化工作流程。将每个要素的规范直接挂在任务描述上；将工作要求以简单明白的语言放置在任务清单中；将安全生产监理标准化工作流程，完全"傻瓜"式地嵌入安全生产监理的系统内。这样就较好地解决了兼职安全生产监理无据可依、无流程可借鉴的重大困难。

（3）以安全生产管理优秀项目带中差项目的模式，将做得好的安全生产监理文件和各类数据以移动数据的模式形成资源共享，努力实现所有项目安全生产管控的标准化和模块化。有很多配备有专业注册安全工程师的大项目，安全生产管控能力强，管控到位，但中小型项目部的安全生产管控通常无专职安全生产管理人员，安全生产管控较差。借助PM+ 安全生产监理信息化，实现安全生产监理优秀项目的资源数据共享，中小型项目安全生产监理人员可在线调取优秀项目数据，学习优秀项目的各种

图5　二滩国际PM+安全监理信息化系统之手机APP参建单位接口及下发隐患整改通知

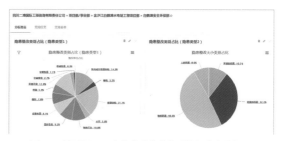

图6　二滩国际PM+安全监理信息化系统之隐患分析

管控方法。

2. 安全生产监理工作的网络协同

要实现安全生产监理的网络协同，第二步必须将参建各方纳入该系统，形成信息的联动和交互。

首先，二滩国际 PM+ 安全监理信息化系统根据自身的《环境因素识别与评价控制程序》纳入风险控制单元，以建设单位或设计单位进场交付的风险控制清单，或自身辨识的控制清单，先期建立风险云图。随后，根据时间、建设阶段或者其他方式进行分期辨识和更新。

其次，二滩国际 PM+ 安全监理信息化系统根据各项目的特点，制定相应的隐患排查表单，并将权限设置成全体参与，给予建设单位、设计单位及施工单位相应的隐患排查账号；对于自身监理人员除安全生产监理外，所有项目监理人员均参与设置隐患排查账号。通过移动 APP 每天上传发现的隐患，实现安全隐患的在线互动、互查，进一步提高安全管控的实操性。

（二）通过 PM+ 安全监理信息化系统实现数

据智能

1. 对安全生产风险和隐患数据进行自动分析

安全生产风险的前期识别和后期的更新，以及隐患排查的在线分析，将大大改变安全生产管控的传统模式，将安全生产管控的水平切实向管理的纵深迈进。二滩国际 PM+ 安全监理信息化可以通过数据的在线实时分析，确定安全生产管控的重点项目部、重点区域、重点风险类型。同时，辅助隐患排查分析，切实掌控安全生产管理的弱项和盲点。以提供项目安全生产监理对重点风险和重大隐患进行过程旁站，并将安全生产信息实时传输至总监、建设单位甚至监理公司后方的技术咨询团队，实现安全生产监理数据的初期智能分析。

2. 安全生产监理的数据智能

（1）数据化

由于二滩国际 PM+ 安全监理信息化系统是基于互联网的存在，由于广泛的连接，系统其实是能够准确地记录下来所有用户全部的在线行为的，而这些数据本身可以用于优化用户下一次操作系统的体验，所以没有这个数据化的积累就没有后面的一切。

（2）算法化

其实就是建模。一个安全生产监理工作在某个不安全场景下会如何决策，是否下达整改通知书，或违约处罚，甚至报告建设单位，先要把它抽象成一个模型，然后找到一套数学的方法，让它收敛，用模型去优化他的决策，最后用计算机能够理解的程序写下来。这个模型根据各部门网络之间的链接和指向，把所有网站的链接都记录下来，然后把相关信息推送给安全生产监理，这就完成了算法化。

（3）产品化

算法要真正发生作用，离不开第三个关键的词，就是产品化，PM+ 安全监理信息化的最终表象是要建立数据跟安全生产监理的直接连接。这个产品化就像搜索结果页，它建立了智能引擎和安全生产监理之间互动的桥梁。用户的每一次点击，搜索结果之后你是点了第一条还是第三条，还是甚至翻到了第五页。用户的行为通过数据化的方式告诉了这个机器的智能引擎，你给我的结果相关性够不够高，智能化程度够不够高，机器再根据这个结果去优化它的算法，给出一个更好的结果。

但是机器跟人不一样，它可以永远不知疲倦地以秒级的速度在更新它的结果，所以它的进化和迭代速度非常非常快，从一个开始并不很精确的结果，很快就能达到一个非常精确的结果。产品化是非常重要的一个环节，因为它提供了一个反馈闭环，而反馈闭环其实跟不断循环持续改进（PDCA）一样，是任何安全生产管理的一个前提条件。

对于 PM+ 监理安全信息化来说，反馈闭环实际上就是通过安全生产监理工作在系统内的每次运用，如填写风险和隐患，确定安全生产监理的管控手段：下达整改通知、违约处罚、报告建设单位等。让系统自行决策管控方式，实现安全生产监理工作的真正意义的数据智能。

五、结论

当 PM+ 监理安全信息化业务运行的时候自然会产生数据，数据被记录下来，数据被算法处理，然后直接形成决策，指导你的业务，然后通过客户反馈不断地优化你的决策。这样的话，整个安全生产监理的业务发展就走上了数据智能反馈闭环的正循环，也就是走上了智能安全生产监理的发展道路。因为只有随着联结的不断发展，信息和人都在线了，人和人、人和信息之间的互动才会越来越丰富，最后交织成越来越繁密的网络，可以用更高效的方法去完成原来很难实现的事情。利用 PM+ 安全监理信息化系统，实现安全生产监理网络协同和数据智能的双螺旋上升，将完全改变传统的安全生产管控模式，实现真正意义上的本质安全。

数字化技术在丰满水电站重建工程中的应用

姚宝永　田　政

中国水利水电建设工程咨询北京有限公司

一、概述

丰满水电站全面治理（重建）工程位于第二松花江干流丰满峡谷口，在原丰满大坝下游 120m 处新建一座碾压混凝土重力坝，并利用原丰满三期工程。为加强工程施工管理，保障施工质量控制，丰满大坝重建工程集成应用了全国各顶尖科研院校（所）研究并应用于国内其他水电建设工程中成熟的自动化管理与质量控制技术成果。

二、数字化技术的应用

丰满水电站全面治理（重建）工程数字化技术是以大坝混凝土浇筑为主线，围绕着大坝混凝土施工各项工序进行数字化管理。目前，已形成以数字大坝一体化平台集成系统为平台，无线网络与现场视频监控系统为网络，碾压混凝土坝浇筑碾压质量 GPS 监控系统、核子密度仪信息自动采集与分析系统、大体积混凝土防裂动态智能温控系统、混凝土运输 GPS 监控系统、移动安监智能管理平台等数字化技术为主干的数字化管理网络，实现了相应功能，达到了预期效果。

（一）无线网络与视频监控系统

1. 无线网络系统

作为施工现场监测数据的传输通道，无线局域网将现场各数字化系统与现场终端，有机地结合在了一起，为现场各数字化系统的数据传输提供了便利条件。无线网络建设须利用现场施工区周边的建（构）筑物，实现施工现场的网络覆盖。随着

大坝、发电厂房及其他附属建设物的建设，现场施工过程中使用移动终端进行各系统操作时，大坝下游部分现场无线网络设备受到遮挡，无法进行数据传输。现场各类数字化系统的不断应用，数据传输量不断增大，也对现场各系统无线终端及网络需求较高，需要不断优化网络覆盖及传输路线，避免数据丢包和网络连接不畅。

2. 实时视频监控系统

通过在原丰满大坝和厂区内设置监控点，丰满水电站全面治理（重建）工程实现了对施工区的全面覆盖，实时监控现场施工情况，对施工过程整体掌控。视频监控系统还具有云台控制、预置点设置、即时录像及回放等功能。

通过云台控制，可远程调整实时监控画面的方向、角度、远近，使得施工管理人员灵活进行单点、单仓的远程监控，有效地辅助了现场监督管理。云台控制权限的设置极为重要。由于视频监控系统各客户端均可实现云台控制，极易出现各参建管理人员随意调整实时监控画面的方位或多个管理人员对同一监控画面同时调整，因此应对部分监控点的云台控制进行限制或禁止，以便于对碾压混凝土浇筑、压力钢管吊装、机电设备吊装、门塔机安拆、爆破作业等重要施工过程进行全程监控，留存完整视频资料，便于后期随时查看。

预置点位是对现场实时视频监控画面位置的预定，能够实现施工管理人员调整监控画面方位后自动返回预置点，保证了施工现场全面覆盖，无死角。对于重要施工过程，视频监控管理部门应配置专职管理人员，根据现场实际施工情况，设定进行

重要施工过程监控的摄像头的预置点，并限制云台控制，确保重要施工过程视频监控的完整性。

即时录像及回放功能是视频监控系统的重要功能之一。现场监控影像资料通过无线网络传输到视频监控系统服务器内永久存储，施工管理人员可随时回放查看，大大提高了工程施工的可追溯性。但如果所有监控摄像头的监控影像资料均进行永久存储，那么将对服务器造成很大负担，须增加更多存储设施。

视频监控系统增加了工程监督管理的检查手段，为丰满水电站全面治理（重建）工程保存了完整的、珍贵的影像资料。

各类数字化系统不断应用，对无线网络需求不断增大，为保证数字化管理系统的有效运行，应进一步加强无线网络建设，特别是加强各系统无线数据接收和传输终端与现场无线网络之间的连接，确保数据传输的通畅。

（二）碾压混凝土坝浇筑碾压质量GPS监控系统

为进一步提高碾压混凝土现场管理水平，丰满水电站全面治理（重建）工程采用了碾压质量GPS监控系统，对仓面碾压机械进行实时自动监控，监测行驶轨迹、速度、振动状态，计算和统计仓面任意位置处的静态、动态碾压遍数。当相关参数不符合要求时，现场监控室内的系统客户端进行报警，现场旁站监理工程师和施工质检人员根据预警信息要求操作手调整相关参数。通过系统监控，避免了人工统计复杂且有难度的碾压遍数、碾压速度等，一定程度上提高了工程管理效率，但目前也存在须改进的地方。

现场监控室位于碾压仓外，监控人员将报警信息传递给现场旁站监理和质检员，在转至碾压机操作手，这个过程时间较长，导致警报处理存在一定的滞后性，有时还须监控人员带着笔记本电脑进入碾压机内，指导操作手对漏碾区域进行碾压，对碾压施工管理造成一定影响。随后，要求系统研发人员在驾驶室内设置了碾压质量GPS监控系统的显示屏，实时向操作手显示该振动碾的状态，提示操作手主动更正。但是，当显示屏电源采用振动碾电源时，碾压机频繁启动会导致显示屏故障，进而

改进为独立电源。

现场施工过程中，受碾压机械行驶和振动的影响，碾压机械上安装的无线网络传输终端接头处偶尔会出现松动情况，造成碾压监控数据缺失。

当碾压数据缺失或局部存在压实程度争议时，通过碾压机械安装的GPS设备准确定位争议区域，参建各方见证试验人员对该区域压实度进行检测，确定碾压压实程度，指导下一步对该区域补碾或停止碾压。

本工程采用斜层碾压技术，目前碾压混凝土坝浇筑碾压质量GPS监控系统无法实现像平层碾压施工一样根据高程变化自动升层，需要监控人员每层碾压完成后手动将系统内振动碾状态调整至下一层，对这一方面还须继续改进。

总体而言，碾压混凝土坝浇筑碾压质量GPS监控系统的运用还是有效地辅助了现场监理人员进行监督管理，减少了现场部分工作量，将部分监督管理内容数字化，加强了碾压过程控制。

（三）核子密度仪信息自动采集与分析系统

核子密度仪信息自动采集与分析系统是本工程运用的又一种数字化手段。现场试验检测人员通过手持式终端（手机PDA）将现场检测的压实度数据实时上传到系统数据库中，并进行简单分析。该系统的运用保证了数据的真实性，还可通过手持式终端将检测的湿密度数据转换成压实度百分比数据。但是系统的数据分析较为简单，还需要施工管理人员进一步分析，才能最终评价该碾压仓或某碾压层的碾压质量。

（四）大体积混凝土防裂动态智能温控系统

丰满水电站全面治理（重建）工程采用了智能温控系统，进行大体积混凝土冷却通水过程智能控制。根据坝体内温度传感器实时采集的内部温度数据，自动控制现场流量控制设备调整通水流量、通水时间及换向时间，从而自动控制混凝土温升、温降情况，达到防裂的目的。另外，通过手持式温度记录仪还可以采集混凝土出机口、入仓和浇筑温度，从而指导温控措施调整。

智能温控系统能够真实地反映混凝土温度变化情况和通水情况，加强了现场内部温度的有效控

制，避免了人工记录温度数据弄虚作假现象。但是，智能温控系统的正常运行依赖于混凝土内部温度传感器的数据采集，碾压混凝土施工易对内部温度传感器或电缆造成破坏，导致温度监测缺失，无法智能控制通水，下一步须进一步增加温度传感器及电缆的自身强度。

分控站的迁移和维护也会对智能温控系统造成影响。下游面备仓过程、临时入仓道路变化、相邻标段施工、现场作业人员的人工干预和坝址区域的其他施工均会对智能温控系统分控站造成影响，不但加大了维护工作量也会造成智能通水过程无法正常进行，进而影响混凝土温度控制。因此应策划好分控站的位置，协调好相邻标段施工，加强内部教育，制订合理的应急处理措施并准确落实，进一步精细化管理。

（五）混凝土运输 GPS 监控系统

混凝土运输 GPS 监控系统主要应用于大坝混凝土运输环节。通过在混凝土运输车辆安装 GPS 定位设备，实现大坝混凝土运输的实时自动监控，监测运输车辆的行驶轨迹、行驶速度等。监理工程师可根据监控系统中记录的行驶速度，计算出混凝土的运输时间，从而辅助分析运输过程中混凝土的温度变化、VC 值或坍落度变化。目前系统还存在行驶轨迹与地图不匹配、车辆和人员信息显示异常等问题，还须进一步改进方可投入运行。

（六）移动安监智能管理平台

丰满水电站全面（治理）重建工程移动安监智能管理平台是以安全生产管理数据中心为依托，综合利用移动管理终端（PDA），形成一个各参建单位安全监督管理人员参与的平台，实现了安全交流、现场检查监督、安全通告、违章曝光、亮点推广、设备和人员管理数据查询、安全交底等功能，帮助参建各方随时随地进行安全生产管理工作。

（七）数字大坝一体化平台集成系统

数字大坝一体化平台集成系统通过集成碾压混凝土坝浇筑碾压质量 GPS 监控系统、核子密度仪信息自动采集与分析系统、大体积混凝土防裂动态智能温控系统等数字化系统数据资料，对浇筑施工中的质量评定提供数据支撑。数字大坝一体化平台集成系统将仓面设计审核、建基面验收、钢筋验收、模板验收、开仓审批、浇筑过程验收、单元工程评定等各环节实现模块化管理。现场验收过程中，监理人员监督施工人员通过 PDA 手机录入实际验收数据和现场拍照资料，提交验收申请，监理人员对施工单位上传的数据进一步校核，通过 PDA 手机实时进行验收评定，保证了质量评定的及时性、真实性，提高了质量评定效率。但在后期资料仓面设计和质量评定等归档资料的整理上还存在较多问题，系统仓面设计打印版本还无法与 CAD 打印版本一致，而质量评定表还须在打印前调整格式。因此在这些功能研发后应与参建各方进一步做好测试工作。

数字大坝一体化平台集成了现场各系统实测数据为质量评定提供数据支持。应进一步加强现场各系统与数字大坝一体化平台之间的衔接，保证现场各系统数据顺畅地传输至数字大坝一体化平台。

三、结束语

水电工程的数字化、智能化管理是未来发展的方向。虽然各项数字化技术仍在不断补充完善，但均有效地提高了丰满水电站重建工程的工程管理水平，为工程建设带来积极的变化，极大地转变了所有参建人员的工程管理观念，为丰满大坝建设提供完整而翔实的第一手数据资料，为大坝运行期间的数字化管理提供了支撑，为中国水电工程建设管理积累了宝贵经验。

浅谈单兵系统在监理工作中的应用

尹忠龙

山西锦通工程项目管理咨询有限公司

摘　要：随着电力建设行业的快速发展，输电线路工程近年井喷式地进行建设。由于线路工程工期紧、任务重，现场安全文明施工管理差问题、危险源日益增多，对监理完成工作任务带来了更大的挑战。虽然监理人员运用巡视和旁站等监理手段进行监理工作，但仍存在不足，难以为业主提供更加优质和高效的服务。在新时期的电力建设中，工程监理如何通过信息技术手段和制度创新来提高管理水平，已成为电力监理管理亟须解决的问题。下面就单兵系统在监理工作中的应用作具体分析，并且阐述相关应用。

关键词：单兵系统　电力监理　解决问题

引言

4G 单兵系统，又称单兵无线视频监控系统，传输介质分为 2G、3G、4G、LTE、无线局域网（Wifi）以及卫星网络等，是用无线技术进行视频图像传输的监控设备。在日常工作或应对突发事件时由相关人员随身携带或手持设备前往现场，通过无线网络信号将现场的实时音视频信息即时回传到后台监控中心，是一种即时无线视频传输设备。由于其便携移动性及应用组网的灵活性，可广泛应用于各类现场直播、应急指挥等场合，例如：公安、城管执法过程记录和现场图传，地震局、环保局、森林防火、电力抢修等系统现场应急指挥，移动巡检等；或者作报业、网站等的紧急事件第一时间报道、重大成果展示等活动的现场直播等。我们针对单兵系统的特点，结合监理工程的实际情况阐述其如何在监理工作中应用，并提高监理工作水平。

一、单兵系统的组成及优点

（一）单兵系统的组成

单兵系统分为前端设备部分信息采集、无线传输、监控中心三大部分。涉及的每个前端单兵监控点采集到的图像经过网络信号传输至监控指挥中心，后台监控中心作出统一的指挥调度。

单兵终端：4G 单兵终端，又称单兵无线图传终端设备。无线传输介质为无线网络信号。在日常工作中或应对突发事件时由相关人员随身携带或手持设备前往现场，通过 4G、3G 或无线网络信号将现场的实时音频信息及时回传到后台监控中心，因其特点类似于单兵必备的工具，故又称单兵图传系统，广泛应用于公检法、海关、消防、交通、电力、油田、矿山、应急指挥、水利、建筑等多种不确定场所的即时无线图像传输。

无线网络技术：支持多种无线视频传输模式，可选择基于 4G、3G 网络或 Wifi 传输视音频信号等各种数据信息。

监控中心：该部分主要包括单兵监控终端主机或监控指挥车辆进行信息的采集、接受、评估、决策、发布和反馈等环节，以支撑事件处理流程。系统采用了多媒体压缩技术、流媒体传输及存储技术、GPS 定位技术和计算机网络技术，建立了一个服务于电力监理人员监控、调度、管理的系统，对电力工程建设实现了电子化、高效化、透明化、精准化。利用 GPS 全球定位系统、4G 网络传输技术、音视频处理技术实现对施工现场进行监控、管理、调度、远程指挥，提高电力监理的管理水平和作业形象。

（二）单兵系统优点

单兵作业系统就是利用无线网络对现场情况进行远程传输，无论在设备还是技术方面，都具有高效率传播、运行方式精确灵活、抗干扰能力强等优点。对于一些常规设备来说，单兵系统的这些优点是无法超越的。单兵系统得以快速发展的前提是网络信号的覆盖范围越来越广、传输速度越来越快，在某种程度上具有提高和促进单兵系统发展的作用。如果把单兵系统当做一棵树，那么无线网络信号就是肥沃的土壤，单兵系统借助网络信号的扩大与覆盖，市场也在进一步加大。另外，单兵系统针对网络信号较差的情况，可以将各种参数存储起来，并且通过微机控制和数字设定对参数进行调整。这样一来不仅减少了调节量、调节点和调节电位器，而且能够使参数长时间保持不变，大大提升了系统稳定性。综合单兵系统的各种优点，人们要对其给予足够重视，利用它造福人类生活。

二、监理在工作过程中的控制难点

随着电力行业的愈加成熟，监理行业的各项规章制度也得到了进一步的细化，监理要在工程中承担起更多的职责。但是由于监理人员较少，对于大面积的施工现场难以全面监督到位，现场的管控仍然存在困难，具体难点如下：

（一）安全生产管控方面存在问题

环保局、能源局及国家电网公司不断下发文件强调现场安全文明施工，要求提高工程现场安全文明施工管理，全面推行标准化建设，规范安全作业环境，倡导绿色施工，保障施工作业人员的安全健康。但是由于施工人员均为各地劳务人员，施工班组长一味地赶超进度，对现场安全文明管理工作较不重视，监理对现场的安全巡视有些捉襟见肘。同时，国网公司及省级公司运用无人机进行不定期巡视时，经常可以看到现场比较混乱：人员未正确使用工器具、弃土未及时处理等。监理由于自身的客观因素，对现场的安全生产管控仍存在局限性，如：材料站的标准化建设、索道运输、组塔、架线施工的高空作业等，监理人员短缺，难以全方面地对施工点进行巡视，施工现场的安全生产管控难以得到有效的管理。种种情况表明监理人员存在数量不足的漏洞，如何通过科技手段弥补人数的不足，是监理单位亟须思考的问题。

（二）现场施工方案的落实执行

国家法律、行业规程在不断修改完善，但是安全事故、工程质量问题还一直存在，目前的局面归根结底还是现场落实执行不到位。从 2014 年清华大学附属中学体育馆及宿舍楼工程，"12.29"筏板基础钢筋体系坍塌事件到国网公司近期人员伤亡事故，发生的直接原因是现场方案未落实到位。监理在检查过程环节，若项目在偏远山区，由于交通不便等客观因素，无法作好全方位的旁站和检查，无法监督落实方案的执行情况，这就导致工程建设中一直存在各种各样的质量问题。

（三）标准工艺的执行

国网公司多次下发文件，要求全面深化应用标准工艺，持续提升输变电工程质量和工艺水平，全面创建优质工程。其中监理作为现场一线管理者，需要作好以下几个方面：检查和验收标准工艺实施情况；参加标准工艺样板验收并形成记录；对标准工艺的实施效果进行控制和验收。而在实际验收过程中，标准工艺的执行距离要求仍存在一定的差距，监理针对验收，应在源头上进行管控，使现场的施工管理有序进行，只有合理施工才能达到要求。

三、单兵系统在监理工作中的应用

在各种高新技术发展的今天，单兵系统在监理工程中得到了一定的应用。单兵系统得到不断发展的原因主要有两个：无线网络的快速发展和单兵系统的便捷灵活。监理针对重大风险施工现场或偏远地区进行的重点监控，按照监理旁站计划将视频监控设备配置到现场使用，监理项目部通过系统对管辖的施工现场进行指挥与监控，通过后台的处理分析，对施工现场作出有针对性的指示或要求。下文就针对单兵系统在线路工程中不同工序阶段在监理工作中的应用作具体分析。

（一）基础施工阶段

基础施工作为工程建设的第一步重要工序，它的施工质量是后续钢材施工质量控制的基础，同时也是保证工程建设质量的关键。整个工程建设的质量往往就是由地基基础施工的质量来决定的。基础施工中，一个不容忽视的问题就是基坑塌方。如

果出现了塌方，必然会使地基土受到扰动，进而影响地基的整体承载力，不仅会对自身的工程建设造成危害，同时还会对人身安全造成伤害。

监理人员按照传统的日常巡视和安全旁站等方法进行监理工作已渐渐跟不上时代的步伐。监理巡视主要是对施工现场进行定期或不定期的检查活动，以此来检查施工现场安全文明情况。安全旁站是针对工程特点，对三级及以上风险等级的施工工序和工程关键部位、关键工序、危险作业项目进行安全旁站。由于基础施工现场点多，监理人员对现场的安全生产管控仅仅局限于重要施工现场，对于偏远地区的安全生产管理工作和检查是否安全施工作业的管理较差。

单兵系统的投入，可以对基坑开挖现场、基础回填等进行监控。在管理投入较差的地方安装单兵终端系统（如基础施工现场对角侧），通过无线网络信号将现场施工的安全文明施工情况、是否按《安全施工作业指导书》进行施工等，真实具体地反馈至监控中心平台，无线网络传输信号较差的偏远地区，监理人员可以定期对单兵系统的存储信息手工提取，然后拷贝至监控中心。监控中心根据现场施工情况会同施工项目部共同制订有效措施，促使现场施工人员能够按照安全施工措施有序施工，从而保证基础施工现场安全施工。

（二）组塔施工阶段

高空作业易存在巨大的安全隐患，特别是在组塔阶段。由于高空作业点多、监理人员较基础阶段相应减少。监理对组塔现场的巡视不能每个现场都管控到位。施工班组也针对监理检查具有较强的迎接意识，往往把好的方面展示给监理，作业现场检查前后形成鲜明的对比，未能做到常态化的有序施工。因此现场需要借助单兵系统协助工作，通过单兵系统的拍摄不间断监控，完整体现现场的常态化施工，从而为监理的管控提供有力依据，有针对性地进行现场管控，避免因管控不到位造成的安全质量事故。

（三）架线施工阶段

架线施工过程中主要控制难点为标准工艺的实施，架线阶段标准工艺一般占整个工程的 70% 或者更多，同时高空坠落也是需要管控的较大难题。

标准工艺的控制，主要还是对工程质量进行管控。质量旁站主要是对工程的关键部位或关键工序的施工质量进行监督活动。架线质量旁站中主要是在导地线压接工序。由于基础工程在地面进行，监理人员较多，而架线均为高空作业，近年来随着高空人员的年龄逐渐偏大，年轻登高人员数量不足，高空监理人员面临青黄不接的大难题。如何在有限高空人员的条件下，完成对工程的安全生产质量管控是主要面临的问题。

单兵系统的存在可以很好地解决由于高空人员短缺而造成的问题。在架设施工过程中，在牵张场、耐张塔、重要跨越塔等塔位地方设置单兵系统，一方面可以对现场的安全文明施工进行查看，另一方面可以通过传输图像对架线施工工序的实施进行检查，避免了由于高空人员数量较少而无法全面管控的情况，通过后台准确地分析可以对压接工艺进行评估，并且判断是否需要高空人员进行高空检查，提高了工作效率。

四、单兵系统未来前景的展望

为了满足更多人的需求，单兵系统的技术不断发展，向高质量和低延时推进。首先，单兵系统的处理芯片、外围电路单元、专用处理器在不断更新换代，最终形成系统终端，提升了系统的硬件性能，同时随着 4G 网络信号的全面覆盖及普及，单

兵系统将会做得越来越好。单兵系统在川藏联网过程中已得到相应的推广和应用，对解决无人区施工的安全文明施工和当地生态环境的保护起到了较大的作用。同时希望借助单兵终端系统来进行多层监督管理，尽可能地避免野蛮施工带来的安全质量隐患，为工程建设提供更好的帮助。

结束语

通过以上分析可得知，单兵系统的应用对监理有重要作用，可以解决监理人员数量不足问题，起到多层监管的作用。目前在线路工程中，单兵系统的应用还较少，希望在后续的进程中，全面提升和完善单兵系统在电力监理中的应用，期待单兵系统在电力监理舞台上发挥更重要的作用。

参考文献：
[1] 建设工程监理规范 GB/T 50319－2013
[2] 王玲、陈春生等.语音通讯、视频会议和视频监控融合的设计与实现 [J].计算机与现代化，2010.11.
[3] 王彤.3G技术在通信中的应用及未来发展趋势探析 [J].中小企业管理与科技上旬刊，2012.04.
[4] 梁军.3G时代的多媒体通讯 [J].中国国际多媒体视讯高峰论坛.
[5] 徐作庭.多媒体通信.人民邮电出版社，2009.12.
[6] 国家电网公司基建安全管理规定.国网（基建/2）173－2015.
[7] 国家电网公司输变电工程建设监理管理办法.国网（基建/3）190－2015.
[8] 国家电网公司输变电工程安全文明施工标准化管理办法.国网（基建/3）187－2015.

基建工程质量控制标准信息化应用研究与开发

陈保刚　高来先　张永炘　侯铁铸

广东创成建设监理咨询有限公司

摘要：为提高基建工程质量控制水平，提升质量管理效率，基于南方电网已经实施的基建工程质量控制（WHS）标准，研究开发基建工程质量控制APP和WEB端程序，该程序由工程监理单位负责执行，通过APP端进行质量检查、数据输入，传输到WEB端进行数据分析、结果输出，实现监理工作量化、可视化、痕迹化，规范了监理人员管理。研究结果表明：基建工程质量控制APP及WEB端的应用能够有效提高工程监理人员工作效率，提升工程质量，达到基建工程精益化管理的目标。

关键词：质量控制　信息化应用　精益化管理　APP　WEB

随着信息技术的发展，各行各业都在进行信息化研究、开发以及应用，以提高工作效率。在国家层面，住建部颁布了《2016—2020年建筑业信息化发展纲要》（建质函〔2016〕183号）提出增强建筑业信息化发展能力，优化建筑业信息化发展环境，加快推动信息技术与建筑业发展深度融合，充分发挥信息化的引领和支撑作用，塑造建筑业新业态。

有基于此，南方电网在颁布实施基建工程质量控制（WHS）标准[1]后，笔者着手研究开发WHS应用的APP及Web端程序以应用，既是顺应国家及行业的要求，也是南方电网基建工程建设精益化管理的需要。

笔者在编制基建工程质量控制（WHS）标准时，就已经充分考虑到要结合信息化应用进行表格、检查内容的设计，本文就是在此基础上进行研究与开发的。

一、传统方式的不足

基建工程质量控制（WHS）标准从2011年开始执行，是南方电网基建工程质量管理体系的重要组成部分[2]，但是在实施过程中一直是以使用传统的纸质版为主，传统方式存在一定的不足，主要表现在以下几个方面。

传统检查方式须打印检查表到现场填写，检查点较多时容易遗漏；填写检查表存在写"回忆录"的情况，数据真实性存在风险；数据统计需要靠人工逐级汇总，信息交换靠纸介质完成，数据不能用于分析统计；后期数据整理工作量大；发现问题跟踪闭环困难。

随着精益管理的要求提高，必须引入新的信息化手段，解决这些问题。

二、基建工程质量控制（WHS）标准主要内容

基建工程质量控制（WHS）标准历经多次修订，2017版是基于南方电网各项工作精益管理的要求。在基建工程方面，为了规范基建工程质量管理，提升基建工程实体质量水平，从而作到基建工程质量的精益管理，以实现打造智能、高效、可靠、绿色的智能电网的目标。

基建工程质量控制（WHS）标准注重以基建工程施工过程质量控制为导向，强化监理自身对WHS质量控制工作成效的管理，优化施工过程现场质量检查项目的设置。WHS质量控制点数量设置以考虑

不增加监理人员工作量为原则，固化了 WHS 质量控制点检查记录表的具体填写内容，使得监理人员能够清晰了解工程施工过程质量控制的要点，以实现监理对工程施工过程质量控制的精益管理。

监理单位通过应用本标准，以规范监理自身质量管理行为，更重要的是对基建工程关键环节、关键工序、关键部位的施工过程质量进行控制。

基建工程质量控制（WHS）标准包括架空线路工程、电缆线路工程、变电电气交流工程、变电电气直流工程、变电土建工程、变电继电保护工程、变电自动化工程、通信工程、配网工程等九个专业及物资开箱检查内容。

基建工程质量控制（WHS）标准是以监理单位为主要使用者，监理单位根据设计文件、施工组织设计、施工方案、施工质量验收及评定项目划分以及监理规划编制适用于该工程的 WHS 质量控制点设置表，组织施工单位、设计单位共同审核，建设单位批准后实施。

在修订基建工程质量控制（WHS）标准时，即考虑了运用信息化手段来使用，而不是用传统的纸质版方式，监理人员在终端填写完成检查数据、签字并上传递交后，无须再对相关监理资料重新整理操作，只须打印盖章即可移交。

基建工程质量控制（WHS）标准设置了 WHS完成率（考核监理项目部是否按照 WHS 质量控制点设置计划完成检查，并按标准要求准确填写检查记录的指标，由建设单位进行考核）、关键质量抽检合格率（考核施工项目部在工程施工关键过程、关键环节、关键工序、关键部位的施工质量是否符合国家、行业及公司相关质量标准或要求的指标，由监理项目部考核），这两个指标如果用传统方式计算，费时、费力、烦琐，用信息化手段则可以通过读取标准执行过程中相关数据，直采直送，自动进行统计，也排除人为干扰因素[2]。

图1　基建工程质量控制业务流程图

三、业务流程梳理

为实现信息化应用，必须将原来纸质版的信息转化成在手机上、计算机上可以操作的内容，因此必须对基建工程质量控制（WHS）标准中的业务流程进行梳理。

基建工程质量控制（WHS）标准中的业务流程涉及工程建设的业主、设计、监理、施工等参建方，该业务由监理项目部发起。首先由监理项目部设置质量控制点，设置完成后由监理项目部组织业主项目部、监理项目部、施工项目部、设计单位进行会审，由业主项目部批准（网上发起、网上审核、网上批准）。监理人员根据批准的质量控制点进行检查，录入检查结果并拍摄检查部位照片，填写检查结论；若检查结果合格，则检查结束；如检查结果不合格，则可以生成监理通知单，发给施工单位要求整改，施工单位整改完成后生成监理通知回复单，监理人员进行复查。检查结果上传至基建信息管理系统 Web 端，在 Web 端进行 WHS 完成率、关键质量抽检合格率的统计，统计结果完成流程结束。梳理的基建工程质量控制业务流程图见图 1。

四、APP 端应用

APP 端是工程质量控制业务数据采集的核心，通过 APP 端的应用进行工程质量检查、填写检查表格，取代了常规检查表打印、携带大量纸质资料到现场填写的麻烦。在应用时可以根据现场施工内容，在移动终端挑选检查表格，填写检查情况，实现实时检查、实时保存检查内容[3]。

设置拍摄照片功能，记录检查位置及检查部位质量情况等信息。照片可以直接拍摄储存，也可以在相册中选取，同时也可以挑选质量清晰的照片上传。APP 端填写检查表后的预览效果见图 2。

APP 端应用的创新点是：现场检查时只须携带手机就能检查所有工序，一次性录入，其他所需资料自动生成，各级基建管理部门需要数据时，只须在基础数据中读取分析，不再需要数据由下级单位逐级统计、上报。对比传统的检查，不再需要提前打印相应检查表，到现场填写检查表后，再录入系统，工作不再重复。

APP 应用存在问题是需要网络环境，部分工程现场网络环境可能不能满足要求。解决方法是：

在有网络的地方创建一套检查表，将数据初始化后即可支持离线操作，即移动端可以支持无网络环境下的数据缓存，待有网络环境时进行上传，这样就实现了无网络环境下也可以填写检查内容，拍摄照片存储。

五、Web 端应用

APP 端也存在一些短板，如：受手机屏幕大小限制，APP 端预览效果差；APP 端无法直接与企业内网系统关联读取项目相关信息；APP 端无法打印检查表；APP 端输入较多内容时速度慢等。

笔者研究设置 Web 端来弥补 APP 端在应用过程中的短板。如在 Web 端进行检查表预览、打印，也可作为企业内网系统与外网信息传输的桥梁，可以在 Web 端完成项目信息的录入、填写，进行 WHS 检查表的设置、审批，WHS 完成率、关键质量抽检合格率的统计等。

完成检查表填写后，可在 APP 端及 Web 端预览检查表。相对于 APP 端，Web 端预览效果更佳，如图 4 示例所示，"导地线连接（液压）旁站记录表"预览中的数据，均是在手机 APP 端逐一录入，可以在 Web 端预览、打印。

通过 Web 端应用，可以实现文件报审在网上完成。监理资料一次填写即可形成，将来其他监理资料也可以自动形成，减少做资料的时间，实现数字化档案移交。

六、结语

基建工程质量控制（WHS）标准已于 2017 年 10 月颁布实施，同时 APP 和 Web 端上线应用。

基建工程质量控制（WHS）标准 APP 端及 Web 端程序研究开发及应用，通过 APP 端录入原始数据，在 Web 端进行数据统计分析，实现基建工程质量控制信息化管理。而且监理资料一次填写即可形成，为数字化档案移交打下基础。

先进的手段既需要研究开发得充满人性化，也需要使用者克服传统习惯和惯性思维，主动学习适应，否则可能变成工作的阻碍，而束之高阁。

本文以及《基于 WHS 的工程质量过程控制标准研究》[2] 均是基于现阶段互联网技术、信息化技术发展的结果，也是旨在通过信息化的应用反过来推进施工过程监理行为的规范化。

在推行基建工程质量控制标准信息化应用过程中，会遇到各种困惑和困难，需要在应用过程中不断完善、创新，从而不断优化基建工程质量管理，提升管理效率，实现精益管理。

图2 APP端填写检查表后的预览效果

图3 Web端应用示例

参考文献：
[1] 中国南方电网有限责任公司.基建工程质量控制（WHS）标准（2017版）[Z].
[2] 关雷，刘冬根，陈保利，高来先，张永炘，侯铁铸.基于WHS的工程质量过程控制标准研究 [J].广州：中国电机工程学会会议论文，2017.
[3] 顾万里，姜金华，吴峻.输变电工程安全质量检查与管理APP设计与实现 [J].上海：国网上海市电力公司经济技术研究院，2016.

加强执行阶段绩效考核和评估，护航PPP项目顺利实施

袁　政　李　磊　王光远

天津国际工程咨询公司

摘要： 在PPP模式下，政府仍然是公共产品的最终提供者。政府通过绩效考核、中期评估、后评价等手段，可约束、激励社会资本提高服务质量，为项目合作方案的完善提供依据，保障项目顺利实施，同时也能提供居民对公共服务的意见表达机制，推动政府职能转变，实现国家治理体系和治理能力现代化。考核、评估工作应以实施机构为主，多部门配合，多主体参加，共同开展工作。考核内容应包括合规性、经济性、工程质量、服务质量、用户满意度、可持续性等。指标的设计，应坚持定性定量相结合、可测量、可实现、时限性等原则。并为考核结果建立争议解决机制。咨询机构应在考核、评估中发挥专业优势，起到中立、客观评价的作用。

关键词： PPP　绩效考核　中期评估　后评价

在PPP模式下，基础设施和公共服务将由政府和社会资本合作提供，是一种新的供给模式，但政府仍然是公共产品的最终提供者。为更好地发挥社会资本的优势，推动政府职能转变，提高公共服务质量，实现项目的公共价值，应当在执行阶段加强项目的绩效考核和评估评价，及时发现项目执行中出现的新情况，调整方案，最终实现项目目标。

一、加强项目执行阶段考核、评估的必要性

（一）中期评估和后评估是完善项目全生命周期管理的必要环节，有利于项目的顺利实施

PPP项目一般合作期较长，合作关系复杂，参与主体较多。项目合作方案是在项目开始前进行设计，并通过合同形式予以确认，方案设计中的很多基础条件、参数是基于对未来十几、三十年的预测结果而确定的，这使得项目从一开始就具有较多的不确定性。

在项目几十年的合作过程中，难免出现方案设计时未考虑到的情况，对项目走向产生影响。适时地进行中期评估，对项目的建设进度、财务状况、服务质量、合规性、居民满意度等进行检验，发现项目实施过程中出现的新情况、新问题，提出方案调整的建议，对于项目顺利实施，实现公共价值具有重要作用。

项目合作期结束后，进行后评价，可以总结项目的经验教训，为后续项目提供借鉴。

（二）绩效考核和评估是约束、激励社会资本提高服务质量的重要手段

在PPP模式下，社会资本虽然提供了服务，但它的目的不是单纯地出于公益，更多地是为了获得经济利益。社会资本的逐利性与公共服务质量之间形成矛盾，如果没有有效的监督约束机制，难免造成为了节约成本而降低服务质量的情况。对服务质量进行绩效考核，将考核结果作为政府付费的依据，以经济手段约束、激励社会资本的行为，可以达到提高服务质量的良好初衷。

《政府和社会资本合作模式操作指南（试行）》（财金[2014]113号）文要求，项目实施机构应每3~5年对项目进行中期评估，重点分析项目运行状况和项目合同的合规性、适应性和合理性，及时评估已发现问题的风险，制订应对措施。通过中期评估和后评价，能够了解、掌握社会资本在项目执行过程中的表现，及时发现存在的问题，及时进行纠正，实现项目的公共价值。

（三）对PPP项目进行绩效考核和中期评估，是转变政府职能、推动治理体系和治理能力现代化的重要途径

推广PPP模式的制度意义在于创新公共服务供给模式，由政府直接参与项目建设、管理变为通过设计规则、绩效考核、支付费用的方式驱动社会投资者进行项目建设和运营；在这个过程中，实现了政府职能的转变，政府的角色由项目的直接建设者和运营者，变为项目规划、策划者，社会资本的合作者，项目执行的监督者、考核者。在这种模式下，政府仍然有提供基础设施和公共服务的义务，只是提供方式由直接提供变成了通过经济手段和市场机制提供。

十八届三中全会作出的《中共中央关于全面深化改革若干重大问题的决定》指出，全面深化改革的总目标是完善和发展中国特色社会主义制度，推进国家治理体系和治理能力现代化……经济体制改革是全面深化改革的重点，核心问题是处理好政府和市场的关系，使市场在资源配置中起决定性作用和更好发挥政府作用。PPP模式正是基础设施和公共服务领域推进国家治理体系和治理能力现代化的重要途径，有利于将政府从具体的事务性工作中解放出来，更专心地进行宏观思考、制定宏观规划。在具体项目的绩效考核和评估中，可充分发挥政府的公信力和公共利益代表的作用，实现市场经济下的公共利益守护人的作用。

在工作思路上，PPP项目中的绩效考核和评估是以结果为导向的管理思路，这与原有的以过程为重点的公共服务供给思路具有本质的区别。中期评估和后评价，既评估社会资本提供的服务是否满足合同要求，也评估项目的合作模式是否合理、政府的作用是否充分发挥、项目是否可持续、公众是否满意等。可以说，既是评估社会资本，也是评估政府、评估项目。通过后期检验，可以使政府总结经验，形成反馈机制，及时调整工作方式方法。

（四）推广PPP模式的价值重点在于提高公共服务质量，绩效考核和评估中可引入居民意见，实现居民对公共服务的意见表达机制

推广PPP的作用，从短期来看，可以解决政府资金压力，尽快启动项目实施；长期来看，能够发挥社会资本在融资、建设、管理等方面的优势，提高公共服务的质量，降低公共服务成本。尤其是对于轨道交通项目，其主要作用是提供大运力、便捷、低成本的公共交通服务，与其他项目相比，公众与项目的直接接触更多，对项目的体验更贴切，对项目的评价更多地来自乘坐体验，更能形成公共舆论关注点。与政府提供轨道交通项目相比，能否提高公众的乘坐体验，是判断PPP模式是否成功的关键指标。通过考核、评估方案的设计，可将居民对项目的满意度纳入考核体系，构建居民在公共服务上的意见表达机制，实现PPP模式提高公共服务质量的最终目的。

二、考核、评估方案设想

（一）考核、评估主体

项目实施机构负责项目全生命周期的考核、评估工作。

发改、财政、规划、国土、环保、安监、建设、价格等相关部门，根据部门行政职责分阶段介入项目考核、评估中。

社会公众可以通过公众投诉及建议平台对服务质量进行监管，通过听证会对价格进行考核、评估。

与项目有关的承包商、服务商、原材料供应商、金融机构、保险机构，基于其自身利益要求，同样对项目履约和进展进行监管。

（二）考核、评估对象

考核、评估对象包括社会资本、项目公司、

与项目公司有联系的设计单位、施工单位和运营单位等。

（三）监管、考核、评估内容

推广 PPP 模式是为了提高基础设施和公共服务质量、降低成本，促进政府治理体系和治理能力现代化。针对这一目标，考核评估内容应包括项目建设程序是否依法依规、建设运营成本、工程质量、服务质量、用户满意度等。为了保障项目长期运营，还应当对项目的可持续性进行评估。

（四）考核方法

设备可用性考核采取现场抽查、电话抽查、问卷调查等方式进行。

运营服务质量考核中的基础管理与业务受理部分考核方式为到项目公司现场检查记录文档；检修管理部分除了在项目公司检查工作记录台账外，还应该进行入户调查问卷、抽样电话回访等。

（五）指标设定原则

1. 即具体的，指关键绩效指标不能是模糊的，是有原则性的。

2. 可测量的，指绩效指标必须是能够具体量化的，且可以取得对指标进行验证的相关信息。

3. 可实现的，指绩效指标必须是在现有技术水平下可以实现的目标。

4. 现实的，指绩效指标必须有实际意义。

5. 具有时限性，指绩效指标具有时限性，需要明确指标实现的期限。

（六）监管争议解决方式

若社会资本或项目公司认为政府考核或评估结论不合理，可采取以下措施合理维护自身权利与合法利益。

1. 起诉

项目 PPP 合同依据《合同法》等法律法规签署，政府与社会资本在合同层面上是平等的民事主体，遇到合同执行的纠纷，双方可起诉到有管辖权的人民法院。

2. 行政复议

对于因项目实施机构或其他监管部门的具体行政行为导致对社会资本或项目公司的合法权益造成侵害的，可以通过向上一级主管行政部门或同级政府申请行政复议的方式对侵权的行政行为进行审查和纠错。

三、咨询机构在考核、评估中的作用

国家发改委印发的《工程咨询行业管理办法》（2017 年第 9 号令）已于 2017 年 12 月 6 日开始实施。《办法》第八条第三款中明确将"PPP 项目实施方案"纳入工程咨询服务的范围中，有力地回应了 PPP 项目在全国范围内的快速发展和咨询行业业务创新的情况。《办法》要求，咨询单位对咨询质量负总责，咨询人员负相应责任，实行咨询成果质量终身负责制，工程项目在设计使用年限内，因工程咨询质量导致项目单位重大损失的，应倒查咨询成果质量责任，形成工程咨询成果质量追溯机制。根据这一要求，对于 PPP 项目实施阶段，原咨询机构和人员应当积极主动参与到绩效考核、中期评估、后评价等工作中，努力促成项目平稳运行。对于项目执行中出现的问题，原咨询机构和人员应当提出解决方案建议。

另外，从咨询业务的角度，PPP 项目绩效考核、中期评估、后评价是咨询业务创新的新领域，咨询机构可以提供专业、高效、公正、客观的服务。

总之，只有在 PPP 项目执行阶段加强考核和评估，及时反馈、修正项目实施过程中出现的问题，根据项目出现的新情况进行方案调整，才能保障项目顺利实施、实现项目既定目标。而各咨询公司更应肩负起职业责任，提高后评价工作能力，在项目实施、监管、评估中发挥智力支撑作用。

项目总监要做好"三个代表"
——关于如何做好项目总监的思考

刘广雁　　谢　治

浙江德邻联合工程有限公司

摘　要：本文从项目总监要做专业技术复合性的代表、组织协调艺术性的代表、精细化监理践行的代表等三个方面出发，结合作者多年监理工作实际，阐述如何做好项目总监理工程师以及如何做好项目监理工作。

关键词：项目总监　专业　技术复合性　组织协调　艺术性　精细化监理

一、项目总监要做专业技术复合性的代表

《建设工程监理规范》GB/T 50319-2013 明确定义，建设工程项目总监理工程师（以下简称：项目总监）是由工程监理单位法定代表人书面任命，负责履行建设工程监理合同、主持项目监理机构工作的注册监理工程师。从定义出发，可以认为项目总监是项目监理机构的核心，是整个项目监理工作的主导者和发起人，另外也可以看出，项目总监是岗位职务，其根本应该是监理工程师，既然是监理工程师，就要首先把监理工程师做好，就要把最基本的监理工作做好，也就是把质量、安全管理、进度、投资、合同和信息管理以及组织协调这些基本的监理工作做好。做好这些监理工作的前提就是要掌握相应的专业技能和深厚的专业知识，而且在实践工作中要及时更新自身的知识结构，了解、掌握最前沿的专业技术和工艺（保持对事物的新鲜感和好奇心是学习的最佳途径），努力做专业技术复合性的代表。

习武的人经常会讲到"绝招"或是"必杀技"，其实根本就没什么绝招和必杀技，把最基本的招式练到极致其实就是绝招。项目总监作为工程项目监理工作的领衔主演，当然要苦练基本功，从监理工作程序到专业技术知识都要做到程序清晰、专业技术全面、知识更新及时而准确。项目总监代表的是项目监理机构或是监理公司的形象，一个技术、专业都不过硬的总监根本谈不到有"气场"，更别想"指点江山、激扬文字"了，只靠指手画脚、蜻蜓点水只会贻笑大方。一个有着深厚业务功底和时刻保持技术先进性的项目总监应该是指点迷津、画龙点睛，积极地推动项目的顺利进行，让项目监理机构的工作如行云流水，其间也树立起了项目监理的良好形象和地位。

那么，针对一个工程项目，项目总监如何才能保持专业技术的复合性呢。勤奋、学习、感知、实践就是最佳途径。例如近几年，施工质量验收规范以及一些技术规程、标准图集等更新较多，新技术、新工艺，特别是新材料层出不穷，让人目不暇接，作为项目总监要对这些进行及时了解和把控，

特别是现实监理工作中涉及的内容更要第一时间掌握，每个人不可能什么都会，不可能样样精通，知识都是学习得来的；所以说，今天学习的人就是明天学习的人的师傅。食物是新鲜的好，知识也是这样。笔者曾任总监的一个项目，地下室顶板设计为GBF管现浇混凝土无梁空心板，虽不是全新工艺技术，但在以前的经验中是空白，询问施工单位是否做过类似工程，施工单位给了一个惊天动地的回答：没听说过。这个时候，谁先行动谁就占得先机，于是项目总监组织监理人员收集资料，包括GBF管相关施工工艺的由来、施工要点、施工注意事项以及一些质量通病的预防和解决方案，其间又到一处类似工程参观实物做法，作到心中有数，胸有成竹。凡事预则立，不预则废，在地下室顶板GBF管施工前的交底会上，监理单位把前期准备形成监理交底给还在懵懂的施工单位，此举得到建设单位的赞许和施工单位的信服，监理单位的形象和地位得以大幅提升，为以后监理工作的顺利进行奠定了坚实的基础。"桃李不言、下自成蹊"，专业化为行动，技术形成质量，知识复合性造就良好的监理服务，这是项目总监应追求的境界。

二、项目总监要做组织协调艺术性的代表

在基本监理工作中，有一项很难作到极致又可塑性极强的工作——组织协调。它就像一块原石，只有用审美的眼光赋予它想象力和艺术性才能创造出精美绝伦的雕刻作品，所以说，组织、协调、管理也有其自身的艺术性。总监就要做好组织协调艺术性的代表。

作为项目总监，需要他组织、协调、管理的内容千头万绪，有内部的、有外部的、有内外部结合的，庞杂而纷乱，此时就需要项目总监临危不乱，处事不惊，心中有数，抓住主要矛盾，评估风险的同时要一丝不苟地规避风险，在规避风险的同时绝不逃避应负的责任，要敢于担当。

在一个施工项目现场，建设、施工、监理、勘察、设计都是以合同为纽带联系在一起，既然联系在一起，就是一条船上的人，就应该同舟共济，齐心协力地服务于项目的总体目标。几方之间既有程序和组织约束，也有配合协作；既有各自的职责，也存在有机的融合，在这个系统有效运行的过程中，监理单位，特别是项目总监起着举足轻重的作用。

首先，协调、配合、联动，是做好监理工作的基础。如何做好协调呢？对项目情况的知晓才是根本出发点，项目总监在项目实施过程中不说作到明察秋毫也要作到风吹草动尽收眼底，也就是没有调查研究就没有发言权。知晓情况，要了解和熟悉与监理工作有关各方主要管理人员的性格、爱好，工作方式、方法等，要善于从人的言谈举止中捕捉有效信息并加以归纳总结。要及时了解和掌握有关各方当事人之间的利害关系，作到心中有数，头脑清醒，避免出错。要借助信息的发布、信息的接收，及时掌握和跟踪各方信息，采集并使用正确的信息，在有限的时间内，有的放矢地协调好项目内外关系。总监要对重大工程项目建设活动情况随时掌握并进行严格监督和科学控制，认真了解、掌握、分析各方的内部情况，搞清来龙去脉，细枝末节，不要轻易下结论，不马虎从事；对项目出现的各种问题，要从根本上分析原因，对症下药，恰当地协调解决好参建各方关系。

其次，正确的工作方法是搞好组织协调的重要手段。协调组织的方法很多，如沟通、谈判、发文（函）、督促、监督、召开会议、指示指令、调整计划、询问咨询、建议意见、交流信息，等等。组织协调要注重原则性、灵活性、针对性、科学性、侧重性。在众多错综复杂的矛盾中，要突出重点，分清主次，抓主要矛盾和主线矛盾，要善于发现关键问题、善于解决关键问题，关键问题解决了，其他问题便可以随之化解。

另外，协调好应该由监理方协调的争议，是搞好组织协调的关键。工程项目参建单位多、矛盾多、争议多；关系复杂、障碍多、需要协调的问题多，解决好监理过程中各种争议和矛盾，是项目总监搞好组织协调的关键。在项目进程中的争议有很

多种，有专业技术争议，权利、利益争议，程序争议、工程目标争议，各方角色争议、施工过程争议，个别人与个别人、单位与单位之间的争议，有大问题的争议、有小问题的争议等。项目总监要对这些争议有所鉴别，有所界定，要看哪些争议是主要的，哪些争议是附属的；哪些是正常的，哪些是非正常的，不可能所有的争议都协调解决，要有所侧重，要剔除附属的和非正常的争议。"擒贼先擒王"，项目总监要通过对争议的调查，协调暴露出的矛盾。发现问题，获取信息，当争议不影响大局，总监应采取策略，引导争议双方回避争议，互相谦让，各退一步，握手言和，加强合作，争取形成利益互补，化解争议，皆大欢喜。如果争议对立性大，协商、调解不能解决，可由行政、仲裁机构裁决或司法判决，其间项目总监要站在公平、公正、客观的立场上配合争议双方的争议解决，不可见利忘义、不可作奸犯科。

项目总监在协调好参建各方组织关系的同时，对项目监理机构人员的管理也至关重要。毋庸置疑，人的能力是有差别的，但这种差别往往适合形成强有力的组织，这就看总监对人的认知和合理安排的水平，就像在战场上一样，冲锋的时候如果所有人冲锋的速度一样、能力一样，一起冲上去，被敌人的重机枪扫射，就有全军覆没的可能，理想状态是有先有后，这样才能前赴后继，夺取胜利。一个项目监理机构的人员安排也是如此，合适的人安排在最合适的岗位才能人尽其才，避免资源浪费，这也是值得项目总监深思的一件事。事情是人做的，人的素质直接决定工作成果，安排好了人也就安排好了事，这也是体现项目总监组织协调艺术性一个重要方面，切不可掉以轻心。

三、项目总监要做精细化监理践行的代表

项目监理服务过程中的管理，是公司层面管理工作的一个缩影，更是公司层面管理水平的一种具体体现。只有真正实现项目监理服务的精细化管理，才能有效强化企业管理体系支撑，树立企业管理理念，明晰企业管理职责；才能真正提高公司的整体管理水平，项目总监首当其冲要做精细化监理践行的代表。

精细监理绝不是繁文缛节，也不是吹毛求疵，更不是花拳绣腿，精细监理是对监理服务的深刻理解与实践应用。

首先，精心的工作态度是实现项目精细化监理的思想基础。项目监理组每位成员的工作态度决定着项目监理工作的成败。项目监理人员没有一个良好的工作态度，就会造成思想上的松懈，行动上的落后，进而造成管理责任的缺失。态度决定一切，更能创造一种精神、一种信念。精细化监理，强调以人为本，管理者对业务的精通程度是实现项目精细化监理的技术基础。项目监理人员的能力及水平直接影响着监理服务的管理成效。提高项目各专业监理人员的业务能力，是实现项目精细化管理的有效手段。一个监理项目，如果总监的业务水平不过硬，他就没能力对下面各专业监理人员的工作质量进行监督及检查，就不可能对项目监理工作进行有效、合理的安排及管理；如果各专业监理人员对相关专业的监控要求及验收标准不掌握，就不可能对现场的施工安全、质量进行有效监控，这样整个项目监理工作就无法到位，精细化监理就更加无从谈起。以笔者作为总监理工程师且获得2010年浙江省"钱江杯"优质工程奖的某工程为例，笔者首先在监理项目部人员分工上借鉴"抽屉式管理"的管理模式，明确每个人的职、责、权、利，将各项监理工作细化并落实到人，同时制订备用方案，就是甲一旦不在现场时甲应该负责的工作是由谁来做。在明确职、责、权、利的基础上梳理各项监理工作之间的衔接和逻辑关系，规范并细化监理工作流程，让每一个环节均在掌控之中，让精细责任、精细服务、精细监理的理念深入人心。

其次，精心、精细的工作过程是精细化监理的具体体现。完善的工作方法、规范的工作流程，是实现细致化工作过程的基本要求。实际在监理工作中只要我们把应该做的作到炉火纯青，作到极

致，那就是最好的，不一定非要标新立异，哗众取宠。那么，项目总监如何才能做好精细化监理践行的代表呢？要作到精细化监理就要作好下面几方面工作：

精细化监理，精细的检查验收，特别是隐蔽工程验收是基本工作；精细化监理，精细的旁站监理是关键环节。"耳听为虚，眼见为实"，这就是旁站的目的所在。旁站是对旁站前监理工作的深化和细化，是见证建筑产品形成的过程。旁站监理工作不可小视，既然叫旁站监理，不但要站，而且要履行监理职责和行使监理权力，要在旁站中发现问题，解决问题。如在某工程的钻孔灌注桩旁站环节中，监理人员始终坚守一线，从该工序的桩位测定和复核、护筒埋设、桩机就位、泥浆制配、钻进成孔、第一次清孔、持力层渣样留存及检核、钢筋笼焊接制作、钢筋笼吊装、导管下放、二次清孔、沉渣测定、水下混凝土浇筑等工艺流程全程跟踪，几乎作到寸步不离，轮番上阵。特别是成孔清淤、钢筋笼吊放及连接、水下混凝土浇筑环节更是关注至极，绝不留质量隐患。其间，由于商品混凝土供应厂家同时供应商品混凝土的工地较多，容易张冠李戴。监理旁站人员就曾在核对送料单过程中发现有一车商品混凝土强度等级与设计不符，并及时退回，避免了质量事故的发生。在钢筋笼吊放环节，旁站监理人员主要是检查钢筋笼长度和钢筋笼焊接质量，坚决杜绝钢筋笼长度不足（这也是不良施工队伍经常动歪心思的地方）情况的发生，在整个旁站监理过程中监理人员全员参与，配合协调，工作得力。为此，笔者认为施工监理旁站现场有必要的时候专业监理工程师甚至是总监理工程师也要参与旁站，旁站监理不只是监理员的事，既然是专业监理、总监理工程师，理所当然旁站监理效果要比监理员好，何乐而不为呢？

作到精细化监理，精细的监理资料至关重要。监理资料作为一种具有可追溯性的工作记录凭证，在整个工程的建设中有着举足轻重的地位。精细的技术资料管理是评价监理工作好坏的重要方面，这就要求项目总监要有过硬的监理资料管理能力，应

该作到路路通、路路清，根据工程实际及地域管理习惯带领项目监理机构把监理资料做好。

目前，监理行业现状较为尴尬，甚至取消工程监理的说法也是此起彼伏，究其原因，"脚上的泡是自己踩的"，监理行业发展一直就不健康、不完善、不讲究，监理人员素质低下，滥竽充数；监理市场恶意压价、恶性竞争，进而形成了恶性循环。市场竞争走过的是一条从"产品竞争"到"成本竞争"，再到"品牌竞争"的发展道路，可以预见在未来，监理行业，品牌和品质竞争将变得越来越重要。因此，监理企业必须创建自己的品牌，强化服务品质，在国内外建设市场上不断增强自己的核心竞争力，扩大行业影响力，吸引更多、更大的客户，才能抢先占领市场，才能立于不败之地。"打铁还要自身硬"，监理行业要走出困境，还要在服务品质、服务附加值上多下功夫，真正为业主创造价值，要敢于创新、精于管理、拓展思路，培养拿得起、放得下的集专业、经济、法律、管理知识于一身的，并具备丰富的现场经验和组织协调能力的综合性复合型人才，其中总监理工程师尤为重要。要构建能够冲锋陷阵的监理人才队伍，是一项长期而艰巨的任务。监理企业要注重对人才的发掘和培养。充分体现"以人为本，以能委任"的管理理念，积极培养人性化人才管理机制，大胆培养和引进懂技术、善管理、素质好的复合型人才，坚持"以能定岗、以岗定薪、以薪定职"的人才培育战略。

项目总监的工作是繁杂的，但也是充满挑战的，笔者认为只要项目总监能做好上述"三个代表"的工作，无论面对多么复杂的工程，面对多么复杂的关系，也会披荆斩棘，泰然处之，也势必会达到"柳暗花明又一村"的理想境界。

团队文化建设是实现企业目标的保证

周克成

武汉建设监理与咨询行业协会

摘要：团队文化至关重要，监理企业应极力打造。团队文化的打造，要勇于实践，不断创新。

关键词：团队文化　文化建设　文化创新

20 世纪中后期，谈得多的是企业贯标和质量体系认证。进入 21 世纪谈得多的是企业文化，文化几乎已成为企业的标签。至于什么是企业文化和团队文化，是需要我们去研究的课题。监理企业已将走过而立之年的历程，如今又进入"大企业"时代，改革路漫长，任重而道远。监理企业的发展和目标的实现，需要企业文化支撑。企业团队文化，没有好坏之分，只有适合与不适合之分，监理企业要建设适合自己企业发展的团队文化。文化建设的过程是不断创新的过程，只有不断创新，才能生生不息，薪火相传。

一、正确认识和理解团队文化

"文化"一词，《辞海》和《现代汉语词典》有广义和狭义的解释、泛义和引申义的解释。一般意义的文化，它被社会成员广泛复制、拷贝、执行和操作，其本质是非强制影响的。而企业团队文化具有强制性和自觉性的双重属性。

团队文化是企业文化的核心，它是由企业的价值观、行为准则、道德规范、经营管理理念、经营哲学、企业精神等内容决定的。

团队文化的作用在于它能够帮助企业团队成员成就事业、实现团队发展目标、作到团队成员工作优势互补。

团队文化的重要性在于，它可以激励团队成员的积极性，让团队有信仰，让团队能为实现共同目标而努力奋斗。

监理企业要发展，就要建设适合自己企业发展的团队文化。文化建设要以社会主义核心价值观为引领，弘扬社会主义核心价值观。社会主义核心价值观把"富强、民主、文明、和谐"作为国家价值目标；把"自由、平等、公正、法治"作为社会价值取向；把"爱国、敬业、诚信、友善"作为公民价值准则。

建设团队文化，要用哲学方法，从"真、善、美"去切入，取系企业实际，找到文化现象与文化本质之间的联系，依据实践经验，由感性认识到理性认识，进行科学总结。通过总结找出决定性的因素，进而认识到文化的内容不是一成不变的，它是随着市场变化的。在网络、信息时代，文化的内涵和外延将会不断扩大、精湛和升华。

二、企业文化决定团队文化

有什么样的企业文化，就有什么样的企业团

队文化。监理企业发展中，我认为有这么几种文化。一是为"新主"打工的企业文化，这是在"砸破铁饭碗"和"减员增效"政策时期，下岗分流职工到"新主"那里谋求"饭碗"，为新的"老板"打工所形成的企业文化。

二是为自己打工的企业文化，这是与原国企没有完全"断奶"的监理公司。监理公司领导是原企业单位任命的，部分员工是分流来的，部分是外聘和新招的学生。由于监理公司入门门槛低，当年社会上有句"没有饭吃找监理"的流言，因此形成了为自己打工的企业文化。

三是为团队工作的企业文化，这是与原企业完全脱钩或新成立的不同性质的监理公司，这时候员工变"渺小"了，公司变"伟大"了，员工开始有归属感了，公司效益好坏与员工直接相关所形成的企业文化。

四是为了信仰工作的企业文化。这时监理公司已具规模、卓有成效，有的已经或正在转型升级，企业的价值观念、经营理念、行为准则、道德规范等文化系统开始形成。

上述四种企业文化，前两种都是没有前途没有希望的企业文化。为团队工作的文化是比前两种文化进步了，但有它的缺陷。缺陷是老板只顾"前台"经营而忽略"后台"管理，包括公司内部管理和项目监理班子的建设。只有为信仰工作的企业文化，才是企业持续健康稳定发展的文化，它是一种文能入眼，化能入心，具有向心力、凝聚力的文化。

我曾为公司做过"消防员"的工作，有的项目由于种种原因业主"报警"、政府"通报"，公司派我前往协调处理。通过调查都不是技术问题，是总监（总代）和个别监理人员自律上的问题，造成团队没有合力，导致施工方向业主"告状"，业主向政府"投诉"，政府不得不通报，另外，2000年的时候我做了一个酒店装饰装修项目，该项目土建施工完后，由于业主对我们的监理工作不满意而不与公司签监理合同，公司派我去协调处理，我经过一周努力，不仅找准了问题，而且改变了监理工作局面。后来业主强行把我留下担任总监，迅速与公司签了监理合同。

多年监理工作实践，我认为项目监理团队文化十分重要。项目的团队文化取决于企业团队文化，更重要的是总监文化。总监是一个项目监理的关键人物，总监带好团队成员的关键是项目上每个监理人员都应具有的：认真负责的责任心、为人处事的诚信心、热爱监理工作的敬业心、相互支持的协济心、能给你的感恩心、容得下人的豁达心、不断求取的进取心、学而不厌的平常心。有了这"八心"，就一定能带好项目团队。在我的耳边，我从未忘记当年部队教我的一句话"干部要想带好兵，你就得爱兵，只有爱兵，兵才会为你卖命"。

三、企业团队文化建设要勇于实践，不断创新

团队文化建设是一个不断实践、不断创新的过程。只有实践才能检验企业文化的适合性，只有创新才能不断进取。在"大企业"时代和国家"四个全面"的新格局、新境界的环境中，我们要擦亮眼睛向前看，头脑清醒思安危。创新要从实际出发，找准企业发展的方向，要瞄准长远利益的目标。习近平在系列讲话中强调："无论改什么，怎么改，导向不能丢，阵地不能丢""建设社会主义文化强国，关键是增强民族文化创造活力"。

监理企业追求什么，向往什么，要对自己的企业文化定性。定性的根据是企业的实际，去确定继承什么文化，弘扬什么精神，发扬什么作风，保持什么态度，打造什么样的团队和团队文化。改革不能一蹴就成，更不能一劳永逸。不要只重"前台"轻"后台"，只想"柜台"不想出路，只想企业"招牌"不想企业素质和实力，要把经济效益和社会效益整合起来。

武汉建设监理协会会长汪成庆在协会第五届一次会员大会上"精进作为、激情开拓、全力谋划行业治理新格局"的报告，和他的"推行行业治理、重构武汉监理行业发展新秩序"的论文，为正确治理监理企业提出了新思路，值得应读懂响应。

企业团队文化建设是一项复杂的工程，我们要审时度势，高度重视。如何建设呢？我认为，一是搞清团队文化的实质，实质是企业的凝聚力，凝聚能驱动团队发展，高效融合，卓越创造，非凡应变，增强竞争力和必胜信心。

二是要找准起决定性作用的东西，就是灵魂、统帅、信念、使命、愿景、价值观念、经营哲学和理念等文化要素，这些要素要被企业员工认可，能够执行。不能只是口号、标语、刊物和宣传手册类的东西。

三是不忘文化的魂和根。企业团队文化要继承和发扬中华民族文化的精髓，民族文化是团队文化的魂和根。根是野火烧不尽，春风吹又生，根深扎入企业员工的敬畏心，使员工敬畏企业的发展，敬畏监理责任和使命。

四是不忘初心，牢记使命。任何一个企业都有自己的发展史，我们要认清自己从哪里来，现在在什么位置上，将来又到何处去？

五是理清团队文化的适合性，适合的要发扬光大，不适合要竭力改进。文化要有人情味，不能像有的企业对工作一辈子的员工留下一个"榨油"的感觉，不用的时候连个"拜拜"的客气话都没有。

六是要立足实践，坚持创新。创新是企业兴盛的不竭动力，是实践标准的所在。在人与社会、人与自然、人与人关系发生变化的今天，更须"周虽旧邦、其命惟新"（《诗经·大雅·文王》）。

最后，我认为也可借鉴部队文化来建设企业团队文化。部队文化体现在军人军营生活和完成任务上。部队文化的确有"鼓之以雷霆，润之以风雨"（《易经》）的作用。从无数讴歌军人的影片和电视剧中可以看到，军人有"精卫填海"的坚毅、"后羿射日"的勇敢、"愚公移山"的执着、"大禹治水"的睿

智，电视剧《亮剑》就是生动写照。部队文化成就了军人，发展了军队。军队从小到大，从弱到强，一直到多军种、集团化、现代国防的强大军队，无不是经过血与火的洗礼、文化的创新与改革而得来的。我们监理企业也有相似的地方，监理企业从小到大，从弱到强不也是创业者的艰辛创业，努力奋斗的结果吗？如果监理企业的团队有部队团队的精神，那是十分了不得的。

四、结语

最后，我想摘录几个伟人关于文化的论断和读者共学共勉来结束此文。一是习近平同志《在山东考察时讲话》中强调"一个国家，一个民族的兴盛，总是以文化兴盛为支撑的，中华民族伟大复兴，需要以中华文化发展繁荣为条件的。"二是毛泽东同志曾经说过："没有文化的军队是愚蠢的军队，而愚蠢的军队是不能战胜敌人的。"三是拿破仑名言有这么几句："我的军队之所以能打胜仗，是因我的军队刺刀上有思想。""世界上有两种力量：利剑和思想，从长而论，利剑总是败在思想上。""德行之力，十倍于身体之力。"

参考文献：

[1] 魏立群.四个全面（新格局新境界）.

[2] 周士量.精细化管理（一本通）.

[3] [奥]弗雷德蒙德·马利克.正确的公司治理.朱建敏译.

《中国建设监理与咨询》征稿启事

《中国建设监理与咨询》是中国建设监理协会与中国建筑工业出版社合作出版的连续出版物，侧重于监理与咨询的理论探讨、政策研究、技术创新、学术研究和经验推介，为广大监理企业和从业者提供信息交流的平台，宣传推广优秀企业和项目。

一、栏目设置：政策法规、行业动态、人物专访、监理论坛、项目管理与咨询、创新与研究、企业文化、人才培养。

二、投稿邮箱：zgjsjlxh@163.com，投稿时请务必注明联系电话和邮寄地址等内容。

三、投稿须知：

1. 来稿要求原创，主题明确、观点新颖、内容真实、论据可靠，图表规范，数据准确，文字简练通顺，层次清晰，标点符号规范。

2. 作者确保稿件的原创性，不一稿多投、不涉及保密、署名无争议，文责自负。本编辑部有权作内容层次、语言文字和编辑规范方面的删改。如不同意删改，请在投稿时特别说明。请作者自留底稿，恕不退稿。

3. 来稿按以下顺序表述：①题名；②作者（含合作者）姓名、单位；③摘要（300字以内）；④关键词（2~5个）；⑤正文；⑥参考文献。

4. 来稿以4000~6000字为宜，建议提供与文章内容相关的图片（JPG格式）。

5. 来稿经录用刊载后，即免费赠送作者当期《中国建设监理与咨询》一本。

本征稿启事长期有效，欢迎广大监理工作者和研究者积极投稿！

欢迎订阅《中国建设监理与咨询》

《中国建设监理与咨询》面向各级建设主管部门和监理企业的管理者和从业者，面向国内高校相关专业的专家学者和学生，以及其他关心我国监理事业改革和发展的人士。

《中国建设监理与咨询》内容主要包括监理相关法律法规及政策解读；监理企业管理发展经验介绍和人才培养等热点、难点问题研讨；各类工程项目管理经验交流；监理理论研究及前沿技术介绍等。

《中国建设监理与咨询》征订单回执（2018）

订阅人信息	单位名称				
	详细地址			邮编	
	收件人			联系电话	
出版物信息	全年（6）期	每期（35）元	全年（210）元/套（含邮寄费用）	付款方式	银行汇款

订阅信息
订阅自2018年1月至2018年12月，_____套（共计6期/年）　　付款金额合计￥_____元。

发票信息
□开具发票 发票抬头：_____　　　　　　　纳税人识别号：_____ 发票类型：一般增值税发票 发票寄送地址：□收刊地址　□其他地址 地址：_____邮编：_____收件人：_____联系电话：_____

付款方式：请汇至"中国建筑书店有限责任公司"

银行汇款 □ 户　名：中国建筑书店有限责任公司 开户行：中国建设银行北京甘家口支行 账　号：1100 1085 6000 5300 6825

备注：为便于我们更好地为您服务，以上资料请您详细填写。汇款时请注明征订《中国建设监理与咨询》并请将征订单回执与汇款底单一并传真或发邮件至中国建设监理协会信息部，传真010-68346832，邮箱zgjsjlxh@163.com。

　　联系人：中国建设监理协会　孙璐、刘基建，电话：010-68346832、88385640

　　　　　　中国建筑工业出版社　焦阳，电话：010-58337250

　　　　　　中国建筑书店　王建国、赵淑琴，电话：010-88375860（发票咨询）

《中国建设监理与咨询》协办单位

 北京市建设监理协会 会长：李伟	 中国铁道工程建设协会 副秘书长兼监理委员会主任：麻京生	 京兴国际工程管理有限公司 执行董事兼总经理：陈志平	 北京兴电国际工程管理有限公司 董事长兼总经理：张铁明
 北京五环国际工程管理有限公司 总经理：李兵	 中国水利水电建设工程咨询北京有限公司 总经理：孙晓博	 鑫诚建设监理咨询有限公司 董事长：严弟勇　总经理：张国明	 北京希达建设监理有限责任公司 总经理：黄强
 中船重工海鑫工程管理（北京）有限公司 总经理：栾继强	 中咨工程建设监理有限公司 总经理：鲁静	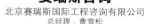 北京赛瑞斯国际工程咨询有限公司 总经理：曹雪松	 天津市建设监理协会 理事长：郑立鑫
 河北省建筑市场发展研究会 会长：蒋满科	 山西省建设监理协会 会长：唐桂莲	 山西省煤炭建设监理有限公司 总经理：苏锁成	 山西省建设监理有限公司 董事长：田哲远
 山西煤炭建设监理咨询公司 执行董事兼总经理：陈怀耀	 山西和祥建通工程项目管理有限公司 执行董事：王贵展　副总经理：段剑飞	 太原理工大成工程有限公司 董事长：周晋华	SZICO 山西震益工程建设监理有限公司 董事长：黄官狮
 山西神剑建设监理有限公司 董事长：林群	 山西共达建设工程项目管理有限公司 总经理：王京民	 晋中市正元建设监理有限公司 执行董事兼总经理：李志涌	 运城市金苑工程监理有限公司 董事长：卢尚武
 内蒙古科大工程目管理有限责任公司 董事长兼总经理：乔开元	 吉林梦溪工程管理有限公司 总经理：张惠兵	 沈阳市工程监理咨询有限公司 董事长：王光友	 大连大保建设管理有限公司 董事长：张建东　总经理：柯洪清
 上海市建设工程咨询行业协会 会长：夏冰	 上海建科工程咨询有限公司 总经理：张强	 上海振华工程咨询有限公司 总经理：徐跃东	 山东天昊工程项目管理有限公司 总经理：韩华
 青岛信达工程管理有限公司 董事长：陈辉刚　总经理：薛金涛	 山东胜利建设监理股份有限公司 董事长兼总经理：艾万发	 江苏誉达工程项目管理有限公司 董事长：李泉	L C P M 连云港市建设监理有限公司 董事长兼总经理：谢永庆
 江苏赛华建设监理有限公司 董事长：王成武	 江苏建科建设监理有限公司 董事长：陈贵　总经理：吕所章	 江苏中源工程管理股份有限公司 总裁：丁先喜	安徽省建设监理协会 会长：陈磊
 合肥工大建设监理有限责任公司 总经理：王章虎	 浙江江南工程管理股份有限公司 董事长总经理：李建军	 浙江华东工程咨询有限公司 执行董事：叶锦锋　总经理：吕勇	 浙江嘉宇工程管理有限公司 董事长：张建　总经理：卢甬
 浙江五洲工程项目管理有限公司 董事长：蒋廷令	 浙江求是工程咨询监理有限公司 董事长：晏海军	 江西同济建设项目管理股份有限公司 法人代表：蔡毅　经理：何祥国	 福州市建设监理协会 理事长：饶舜

《中国建设监理与咨询》协办单位

 厦门海投建设监理咨询有限公司 法定代表人：蔡元发　总经理：白皓	 驿涛项目管理有限公司 董事长：叶华阳	 河南省建设监理协会 会长：陈海勤	 中兴监理 郑州中兴工程监理有限公司 执行董事兼总经理：李振文
 河南建达工程建设监理公司 总经理：蒋晓东	 河南清鸿建设咨询有限公司 董事长：贾铁军	 建基工程咨询有限公司 副董事长：黄春晓	 中汽智达（洛阳）建设监理有限公司 董事长兼总经理：刘耀民
 河南省光大建设管理有限公司 董事长：郭芳州	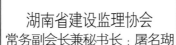 中元方工程咨询有限公司 董事长：张存钦	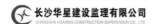 河南方大建设工程管理股份有限公司 董事长：李宗峰	 武汉华胜工程建设科技有限公司 董事长：汪成庆
湖南省建设监理协会 常务副会长兼秘书长：屠名瑚	 长沙华星建设监理有限公司 总经理：胡志荣	 长顺管理 Changshun PM 湖南长顺项目管理有限公司 董事长：潘祥明　总经理：黄劲松	 GDJLXH 广东省建设监理协会 会长：孙成
 广州市建设监理行业协会 会长：肖学红	 广东工程建设监理有限公司 总经理：毕德峰	 广骏监理 广州广骏工程监理有限公司 总经理：施永强	 穗芳建设 广东穗芳工程管理科技有限公司 董事长兼总经理：韩红英
 广东省建筑工程监理有限公司 董事长兼总经理：黄伟中	 重庆赛迪工程咨询有限公司 董事长兼总经理：冉鹏	 重庆联盛建设项目管理有限公司 总经理：雷开贵	 HASIN 华兴咨询 重庆华兴工程咨询有限公司 董事长：胡明健
 重庆正信建设监理有限公司 董事长：程辉汉	 重庆林鸥监理咨询有限公司 总经理：肖波	林同棪工程技术 T.Y.Lin TECHNOLOGY 林同棪（重庆）国际工程技术有限公司 总经理：汪洋	 二滩国际 Ertan International 四川二滩国际工程咨询有限责任公司 董事长：郑家祥
 中国华西工程设计建设有限公司 董事长：周华	 云南省建设监理协会 会长：杨丽	 云南新迪建设咨询监理有限公司 董事长兼总经理：杨丽	 云南国开建设监理咨询有限公司 执行董事兼总经理：张葆华
 GZJLXH 贵州省建设监理协会 会长：杨国华	 贵州建工监理咨询有限公司 总经理：张勤	 SANWEI 贵州三维工程建设监理咨询有限公司 董事长：付涛　总经理：王伟星	 高新监理 GAO XIN PROJECT MANAGEMENT 西安高新建设监理有限责任公司 董事长兼总经理：范中东
 西安铁一院 工程咨询监理有限责任公司 中国铁建 西安铁一院工程咨询监理有限责任公司 总经理：杨南辉	 PM 西安普迈项目管理有限公司 董事长：王斌	 中国节能 西安四方建设监理有限责任公司 总经理：杜鹏宇	 华春 华春建设工程项目管理有限责任公司 董事长：王勇
 M 华茂监理 HUAMAO SUPERVISION 陕西华茂建设监理咨询有限公司 总经理：阎平	 永明项目管理有限公司 董事长：张平	 陕西中建西北工程监理有限责任公司 总经理：张宏利	 甘肃省建设监理有限责任公司 Gansu Construction Supervision Co.,Ltd. 甘肃省建设监理有限责任公司 董事长：魏和中
 KUNLUN 昆仑监理 新疆昆仑工程监理有限责任公司 总经理：曹志勇	 市政监理 青岛市政监理咨询有限公司 董事长兼总经理：于清波	 大通监理 广西大通建设监理咨询管理有限公司 董事长：莫细喜　总经理：甘耀域	深圳监理 SHENZHEN ENGINEERING CONSULTANTS 深圳市监理工程师协会 会长：方向辉

中国铁道工程建设协会召开第八次会员大会暨八届一次理事会

中国铁道工程建设协会建设监理专业委员会召开
四届一次会员大会暨四届一次常委会

表彰先进

监理人员培训

中国铁道工程建设协会

中国铁道工程建设协会于 1985 年 9 月在北京成立，是从事铁路建设前期工作、设计、施工、监理、咨询、评估建设的单位和相关科研教学、设备制造等企事业单位以及有关专业人士，自愿结成的全国性、行业性社会团体，是经原铁道部批准成立，民政部登记注册，具有独立法人地位的非营利性社会组织，是中国铁路建设唯一的全产业链行业协会。

协会的宗旨为，坚持正确的政治方向，按照社会主义市场经济的要求，联合铁路建设业界各方面的力量，通过行业管理、信息交流、业务培训、咨询服务、评先评优、标准制定、国际合作等形式，为铁路建设服务，为铁路建设行业发展和会员单位服务。

协会于 2017 年 12 月在北京召开了第八次会员大会暨八届一次理事会，王同军任协会理事长，李学甫任副理事长兼秘书长。理事会的常设机构为协会秘书处，在理事长领导下，处理协会的日常工作。下设综合部、工程管理部、勘察设计部（勘察设计委员会）、监理部（建设监理专业委员会）、国际合作部（国际合作委员会）。

协会拥有从事铁路建设管理、勘察设计、建筑施工、工程监理、技术咨询、设备制造的单位以及相关科研院校等团体会员 158 家。包括中国铁路总公司、中国中铁股份有限公司、中国铁建股份有限公司、中国建筑股份有限公司、中国交通建设股份有限公司、中国通信信号股份有限公司、各铁路局集团有限公司、中联重科股份有限公司、新疆兵团建设工程（集团）有限责任公司等一些国内外知名的特大型企业，还包括中国铁道科学研究院、中国铁路经济规划研究院、西南交通大学、石家庄铁道大学、中南大学、北京交通大学、兰州交通大学、同济大学等铁道行业权威的科研机构和著名高校。她们在协会工作中都发挥了重要作用。

建设监理委员会是中国铁道工程建设协会的分支机构，成立于 2003 年，现有会员 117 家，自成立以来遵循协会的宗旨，按照社会主义市场经济的要求，联合监理行业各方面力量，围绕铁路监理行业发展的热点、难点、焦点问题，开展调查研究，反映会员诉求；围绕高速铁路建设的需要，积极开展铁路监理人员的培训，为铁路工程建设打下了良好的基础；围绕标准化建设，积极推广新技术、新工艺、新流程、新装备、新材料的应用，促进行业科技水平的提高；组织开展行业诚信建设，指导企业和监理人员合法经营、依法监理；引导企业加强质量安全管理，提高质量安全意识和工程质量；开展评优评先，促进企业创新发展；利用刊物、网站提供信息服务，开展咨询服务，指导企业改善管理，提高效益。

中国铁道工程建设协会建设监理专业委员会所属会员单位，在国家的重点项目建设中都留下了足迹，尤其是在铁路建设中发挥了重要作用，参与了举世瞩目的京沪高铁、京广高铁、京津城际、哈大高铁、沪昆、兰新、青藏铁路等重点项目建设，取得了令人欣慰的成绩，为中国高铁走出国门发挥了重要的作用。目前所属会员单位正以高昂的斗志，积极参与"一带一路"建设，为全面完成"十三五"铁路规划努力奋斗。

河北省建筑市场发展研究会

　　河北省建筑市场发展研究会于 2006 年 3 月成立，其主旨一是为政府决策服务，广泛深入调查研究，提出意见、建议和研究成果，草拟发展规划和规范标准，为政府决策和管理提供科学的依据；二是为企业发展服务，举办讲座与论坛，开展经验与学术交流，提供政策法规、企业管理、市场开拓等业务培训与咨询；三是为社会进步服务，加强行业自律，建立诚信体系，规范市场秩序，维护建筑市场有关主体的合法权益，促进建筑市场与国际接轨。河北省建筑市场发展研究会业务主管单位是河北省住房和城乡建设厅，社团登记管理机关是河北省民政厅。

　　研究会第三届理事会组织机构包括：理事会、常务理事会、会长办公会、秘书处。研究会新一届理事会将在各级领导的指导和关心下，在各有关部门的大力支持下，在全体会员的共同努力下，按照章程有关规定，积极发挥桥梁纽带作用，深入企业调研，了解会员诉求，维护会员的合法权益。通过举办多形式的培训、讲座、论坛，组织企业"走出去"等方式创新、多维度、多元化地开展工作。在新形势、新任务下，我们将求真务实，与时俱进，努力开创河北省监理咨询行业发展新局面，为河北省监理咨询事业健康、可持续发展作出新贡献。

会　长：蒋满科
地　址：石家庄市靶场街 29 号
邮　编：050080
电　话：0311-83664095
网　址：www.jzscyj.cn
邮　箱：hbjzscpx@163.com

公众号

2017 年 8 月 29 日召开第三届会员代表大会暨三届一次理事会

2017 年 10 月 26 日召开三届一次会长办公会

2018 年 1 月 12 日召开 BIM 技术应用专题讲座会

2018 年 3 月 27 日召开三届二次会长办公会（扩大）会议

观摩考察监理企业项目管理现场 -1

观摩考察监理企业项目管理现场 -2

中国科学院国家天文台 500 米口径球面射电望远镜（项目管理）

青海藏区急救诊疗中心综合楼项目
（EPC 总承包）

援老挝玛霍索综合医院（项目管理）

西宁新华联国际旅游城·童梦乐园（工
程监理）

居然之家京津冀智慧物流园（工程监理）

中国机械设备工程股份有限公司总部综
合楼（项目管理）

北京通州万达广场（工程监理）

昆明长水国际机场航站楼机电安装工程（工程监理）

京兴国际工程管理有限公司

京兴国际工程管理有限公司是由中国中元国际工程有限公司（原机械工业部设计研究总院）全资组建、具有独立法人资格的经济实体。公司从事建设工程监理始于 1988 年，是全国首批取得原建设部工程监理甲级资质的企业，现具有住房和城乡建设部工程监理综合资质、商务部对外承包工程经营资格和进出口贸易经营权，是集工程咨询、工程监理、工程项目管理、工程总承包及贸易业务为一体的国有大型工程管理公司，2017 年被住建部选定为"开展全过程工程咨询试点"企业。

公司的主要业务涉及公共与住宅建筑工程、医疗建筑与生物工程、机场与物流工程、驻外使馆与援外工程、工业与能源工程、市政公用工程、通信工程和农林工程等。先后承接并完成了国家天文台 500 米口径球面射电望远镜、中国驻美国大使馆新馆、首都博物馆新馆、国家动物疫病防控生物安全实验室等一批国家重大（重点）建设工程以及北京、上海、广州、昆明、南京等国内大型国际机场的工程监理和项目管理任务。有近 150 项工程分别获得国家鲁班奖、优质工程奖和省部级工程奖。

公司拥有一支懂技术、善管理、实践经验丰富的高素质团队，各专业配套齐全。公司坚持"科学管理、健康安全、预防污染、持续改进"的管理方针，内部管理科学规范，是行业内较早取得质量、环境和职业健康安全"三体系"认证资格的监理企业，并持续保持认证资格。

公司连续多年分别被中国建设监理协会、北京市建设监理协会、中国建设监理协会机械分会评为全国先进工程监理企业、北京市建设监理行业优秀监理企业、全国机械工业先进工程监理企业，北京市建设行业诚信监理企业、安全生产监督管理先进企业、服务质量信得过企业、建设监理行业抗震救灾先进企业、监理课题研究贡献企业等多项荣誉。中央企业团工委授予公司"青年文明号"称号。

公司自主研发了《监理通》和《项目管理大师》专业软件，搭建了网络化项目管理平台，实现了工程项目上各参建方协同办公、信息共享及公文流转和审批等功能。该软件支持电脑客户端和移动 APP（手机）客户端。该软件于 2016 年获得国家版权局颁发的《计算机软件著作权登记证书》。公司的信息化管理在行业内有较好的示范和引领作用。

公司注重企业文化建设，以人为本，构建和谐型、敬业型、学习型团队，打造"京兴国际"品牌。

公司秉承"诚信、创新、务实、共赢"的企业精神，持续创新发展，目标成为行业领先的国际化工程管理公司。

地　址：北京市海淀区紫竹院路甲 32 号
电　话：（010）68732977
传　真：（010）68458347
网　址：www.jingxing.com
E-mail:jxjl@ippr.net

北京五环国际工程管理有限公司

北京五环国际工程管理有限公司（原北京五环建设监理公司）成立于1989年，是全国首批试点监理单位之一，为我国建设监理事业的开创和发展作出了有益的探索和较大的贡献，是中国建设监理协会常务理事单位、北京市建设监理协会常务理事单位、中国兵器工业建设协会监理分会副会长单位。公司于1996年通过了质量体系认证，2006年通过了环境管理体系和职业健康安全管理体系认证。2009年取得住房和城乡建设部核发的建设工程监理综合资质，可承担所有专业工程类别的建设工程监理和项目管理、技术及造价咨询。公司持有招标代理资质，可承担招投标代理服务。

公司现有员工400余人，专业配套齐全，员工中具有高、中级以上技术职称的人员占80%以上，其中具有国家各类注册执业资格的人员占40%以上。公司的重点业务领域涉及房屋建筑工程、轨道交通工程、烟草工业工程和垃圾焚烧发电工程、市政公用工程等。公司成立以来，先后在京内外共承担并完成了1000余项工程的监理工作，监理的总建筑面积达2000多万平方米，其中近百项工程分别获得北京市及其他省市地方"优质工程奖""詹天佑奖""鲁班奖"以及"国家优质工程奖"。公司已有多人次被住房和城乡建设部、中国建设监理协会和北京市建设监理协会授予"先进监理工作者""优秀总监理工程师"和"优秀监理工程师"称号，公司也多次被评为全国和北京市先进建设监理单位。

公司积累了多年的监理和管理经验，建立了完善的管理制度，实现了监理工作的标准化、程序化和规范化。公司运用先进的检测设备和科学的检测手段，为工程质量提供可靠的保障；公司通过自主开发和引进的先进管理软件，建立了办公自动化管理平台和工程建设项目管理信息系统，实现了计算机辅助管理和工程信息化管理，提高了管理水平、管理质量和工作效率。近年来，公司不断适应所面临的经济形势和市场环境，谋求可持续发展，更新经营理念，拓展经营和服务范围，以为业主提供优质服务为企业生存之本，用先进的管理手段和一流的服务水平，为业主提供全方位的工程监理、项目管理和技术咨询服务。

地　址：北京市西城区西便门内大街79号4号楼
电　话：010-83196583
传　真：010-83196075

北京新机场南航项目

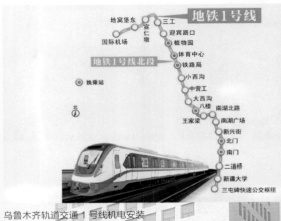

乌鲁木齐轨道交通1号线机电安装

呼和浩特永泰城

王府井国际品牌中心

郑州东部垃圾焚烧发电厂

新光大中心二期二号地

背景：石家庄中银广场

中国建设银行山西分行综合营业大厦荣获 2000 年度中国建筑工程"鲁班奖"

山西省国税局业务综合楼荣获 2002 年度中国建筑工程"鲁班奖"

鹳雀楼荣获 2003 年度中国建筑工程"鲁班奖""詹天佑土木工程大奖"

山西省博物馆荣获 2006 年度中国建筑工程"鲁班奖"

中国人民银行太原中心支行附属楼获 2010~2011 年度中国建筑工程"鲁班奖"

山西省图书馆获 2014~2015 年度中国建筑工程"鲁班奖"

中国煤炭交易中心荣获 2012~2013 年度中国建设工程"鲁班奖"

太原机场航站楼荣获 2009 年度中国建筑工程"鲁班奖"

太原南站

山西省建设监理有限公司

山西省建设监理有限公司（原山西省建设监理总公司）成立于 1993 年，于 2010 年 1 月 27 日经国家住房和城乡建设部审批通过工程监理综合资质，注册资金 1000 万元。公司成立至今总计完成监理项目 2000 余项，建筑面积达 3000 余万平方米，其中有 10 项荣获国家级"鲁班奖"，1 项荣获"詹天佑土木工程大奖"，2 项荣获"中国钢结构金奖"，1 项荣获"国家优质工程奖"，1 项荣获"结构长城杯金质奖"，6 项荣获"北军优奖"，40 余项荣获山西省"汾水杯"奖，100 余项荣获省、市优质工程奖。

公司技术力量雄厚，集中了全省建设领域众多专家和工程技术管理人员。目前高、中级专业技术人员占公司总人数 90% 以上，国家注册监理工程师目前已有 140 余名、国家一级结构师 1 名、国家注册造价师 8 名、国家一级建造师 26 名、国家注册设备监理工程师 5 名、国家注册人防监理工程师 16 名。

公司拥有自有产权的办公场所，实行办公自动化管理，专业配套齐全，检测手段先进，服务程序完善，能优质高效地完成各项管理职能业务。公司于 2000 年通过 ISO9001 国际质量体系认证，并于 2017 年完成职业健康安全管理体系和环境管理体系的认证。企业能严格按其制度化、规范化、科学化的要求开展建立服务工作。

公司具有较高的社会知名度和荣誉。至今已连续两年评选为"全国百强监理企业"，八次荣获"全国先进工程建设监理单位"，连续十五年荣获"山西省工程监理先进单位"。2005 年以来，又连续获得"山西省安全生产先进单位"以及"山西省重点工程建设先进集体"。2008 年被评为"中国建设监理创新发展 20 年工程监理先进单位"和"三晋工程监理企业二十强"。2009 年中国建设监理协会授予"2009 年度共创鲁班奖监理企业"。2011 年、2013 年再次被中国建设监理协会授予"2010~2011 年度鲁班奖工程监理企业"荣誉称号和"2012~2013 年度鲁班奖及国家优质工程奖工程监理企业"荣誉称号。2014 年 8 月被山西省建筑业协会工程质量专业委员会授予"山西省工程建设质量管理优秀单位"称号，12 月被中国建设监理协会授予"2013~2014 年度先进工程监理企业"称号。

公司始终遵循"严格监理、一丝不苟、秉公办事、热情服务"的原则；贯彻"科学、公正、诚信、敬业，为用户提供满意服务"的方针；发扬"严谨、务实、团结、创新"的企业精神，及独特的企业文化"品牌筑根，创新为魂；文化兴业，和谐为本；海纳百川，适者为能。"一如既往地竭诚为社会各界提供优质服务。

山西省十大重点工程，我们先后承监的有：太原机场改扩建工程、山西大剧院、山西省图书馆、中国（太原）煤炭交易中心——会展中心、山西省体育中心——自行车馆、太原南站。公司分别选派政治责任感强、专业技术硬、工作经验丰富的监理项目班子派驻现场，最大限度地保障了"重点工程"监理工作的顺利进行。

今后，公司将以超前的管理理念、卓越的人才队伍、勤勉的敬业精神、一流的工作业绩，树行业旗帜，创品牌形象，为不断提高建设工程的投资效益和工程质量，为推进我国建设事业的健康、快速、和谐发展作出贡献！

公司网站：www.sxjsjl.com

晋中市正元建设监理有限公司

晋中市正元建设监理有限公司(原名晋中市建设监理有限公司),成立于1994年12月,于2008年6月经批准更名,是一家经山西省建设厅批准成立的具有独立法人资格、持有房屋建筑工程监理甲级、市政公用工程监理甲级、公路工程监理乙级资质、水利水电工程监理乙级资质、人防工程监理乙级资质的专业性建设监理公司。

公司现有员工500余人,其中注册监理工程师69人、注册造价师3人、注册安全工程师2人、注册一级建造师6人。为适应建筑市场需求,公司注重各专业人员结构配置,69个注册监理工程师中,房建61人、市政45人、公路13人、水利14人、机电3人、人防68人,具有丰富监理经验和管理能力的总监36人。本公司备有工程建设监理必须的各类检测、测试仪器及电脑、远程现场监测等现代化办公及通信设施,完全能满足监理工作的需要。

多年来,公司建立健全了一套完备有效的管理运行机制,去年顺利完成体系转版,通过了GB/T 19001—2016质量管理体系认证、GB/T 24001—2016环境管理体系和GB/T 28001—2011职业健康安全管理体系认证,同时,通过了企业信用等级评定,成为AAA级守信用企业;公司业绩工业与民用建筑突破了2200项、4000万多平方米,市政工程近百项,公路、水利项目已正式启动,所监工程合同履约率、工程合格率、优良率均得到了各方首肯,打造出良好的企业品牌。

回首过去,公司以一流的服务受到了业主的一致好评,多次凭着骄人的业绩闯入"三晋工程监理企业二十强";仅2017年就有晋中市博物馆(档案馆)、图书馆、科技馆建设项目,晋中市城区公共租赁住房项目、平遥县汇济小学迁建工程、迎宾街东延两侧城中村改造项目锦绣园A区等七项工程被评为"省优质结构工程",平遥县汇济小学迁建工程被评为省级建筑安全标准化优良工地,乌金山李宁国际滑雪场项目获得"优秀合作伙伴"的荣誉称号,取得荣誉的同时,更赢得了良好的社会信誉。

2017年,全公司团结一致、共同努力,不仅拓宽了业务经营范围,而且打破了区域合作界限,所监"第十一届郑州国际园林博览会晋中园"工程项目已竣工使用,效果良好,在监"第十二届中国博物南宁国际园林博览会晋中园"工程项目正在火热进行。新的一年,我们将本着"安全第一,质量至上"的服务宗旨,在工作中追求卓越,服务中奉献真诚,愿以"科学、求实、诚信、共赢"的经营理念与广大业主携手合作,创造更加辉煌的明天。

地　址:山西省晋中市榆次区迎宾街216号(恒基商务中心421)
电　话:0354-3031517
邮　编:030600
邮　箱:jzjl3031517@163.com

国际(数码)电影汇展中心

晋中市博物馆、图书馆、科技馆项目

晋中市博物馆

晋中市城区公共租赁住房项目

龙湖街亮化工程

平遥县汇济小学迁建工程

山西能源学院(筹)新校区建设工程

太原师范学院教师周转宿舍

乌金山李宁国际滑雪场

迎宾街东延两侧城中村改造项目锦绣园A区

包头市工商联大厦

包头广播电视塔

包头市人民检察院

包头市公安局大楼

包头市正翔国际

内蒙古科大工程项目管理有限责任公司

　　内蒙古科大工程项目管理有限责任公司的前身是包头钢铁学院工程建设监理公司，成立于1993年，2001年11月更名为包头市钢苑工程建设监理有限责任公司，2011年9月更名为内蒙古科大工程项目管理有限责任公司。

　　公司具有住房和城乡建设部批准的房屋建筑工程监理甲级、市政公用工程监理甲级资质；具有公路工程、通信工程、水利水电工程、人防工程监理乙级资质。主要从事工程监理、工程项目管理、工程咨询、技术咨询、技术服务及培训等业务。

　　公司是中国建设监理协会理事单位，是内蒙古自治区工程建设协会副会长单位，是包头建筑业协会副会长单位，《建设监理》副理事长单位。公司通过了ISO9001:2008质量管理体系、ISO14001:2004环境管理体系、OHSAS18001:2007职业健康安全管理体系认证，目前三体系正常运行。公司配套有土建一级实验室，检测设备齐全、检测试验手段先进。

　　公司共有员工200余人，其中，注册监理工程师40人，一级注册建造师14人，注册造价工程师7人，注册一级结构工程师1人；大多数员工具有中、高级技术职称。公司的主要技术骨干拥有二十多年从事工程事故分析和建筑工程可靠性鉴定的工作经验，是包头市、内蒙古自治区建筑领域的权威。雄厚的技术力量能更好地为全过程咨询服务提供保障，也能对建筑领域的各种"疑难杂症"提出科学的解决方案。

　　公司2012年10月被中国建设监理协会评为"2011~2012年度中国工程监理行业先进工程监理企业"；连续两年被内蒙古自治区工程建设协会评为"内蒙古自治区先进建设工程监理企业"；至今，公司已连续16年被包头市人民政府授予"包头市建设工程质量和安全管理先进集体"荣誉称号，所监理的工程获得国家级、省部级、地市级奖项共计100余项。

　　公司是以高校为技术依托成立的工程监理及项目管理服务企业，作为由高级知识分子组成的企业，我们不但注重维护我们的声誉和信誉，更注重技术服务的成果和质量。在我们身上能体现出高素质人员专业化高、探索精神好、善于研究问题并能及时解决技术难题等较高的整体水平和素质。

　　公司始终遵循"守法、诚信、公正、科学"的执业准则，倡导"团结、拼搏、求实、创新"的企业精神，坚持"为企业创造价值，为社会创造财富，为股东创造回报，为员工创造机会"的企业宗旨，向着"服务一个项目、树立一块丰碑、结交一方朋友、赢得一份信誉、占领一方市场"的工作目标不断努力。我们要保持奋发图强，一往无前的进取创新精神，努力把公司的发展战略推向一个更新、更好的目标。

地　址：内蒙古包头市昆区青年路14#钢院西院
邮　编：014010
电　话：0472-2100017
传　真：0472-2140835
网　址：www.nmkdgl.com.cn
邮　箱：gangyuanjianli@qq.com

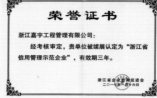

同舟共济 扬帆远航
浙江嘉宇工程管理有限公司

浙江嘉宇工程管理有限公司，是一家具有工程监理综合资质，以工程监理为主，集项目管理和代建、技术咨询、造价咨询和审计等为一体，专业配套齐全的综合性工程项目管理公司。它源于1996年9月成立的嘉兴市工程建设监理事务所（市建设局直属国有企业），2000年11月经市体改委和市建设局同意改制成股份制企业，嘉兴市建工监理有限公司，后更名为浙江嘉宇工程管理有限公司。二十年来，公司一直秉承"诚信为本、责任为重"的经营宗旨和"信誉第一、优质服务"的从业精神。

经过二十年的奋进开拓，公司具备住建部工程监理综合资质（可承担住建部所有专业工程类别建设工程项目的工程监理任务）、文物保护工程监理资质、人防工程监理甲级资质、造价咨询甲级、综合类代建资质等，并于2001年率先通过质量管理、环境管理、职业健康安全管理等三体系认证。

优质的人才队伍是优质项目的最好保证，公司坚持以人为本的发展方略，经过二十年发展，公司旗下集聚了一批富有创新精神的专业人才，现拥有建筑、结构、给排水、强弱电、暖通、机械安装等各类专业高、中级技术人员500余名，其中注册监理工程师96名，注册造价、咨询、一级建造师、安全工程师、设备工程师、防护工程师等80余名，省级监理工程师和人防监理工程师200余名，可为市场与客户提供多层次全方位精准的专业化管理服务。

公司不仅具备管理与监理各项重点工程和复杂工程的技术实力，而且还具备承接建筑技术咨询、造价咨询管理、工程代建、招投标代理、项目管理等多项咨询与管理的综合服务能力，是嘉兴地区唯一一家省级全过程工程咨询试点企业。业务遍布省内外多个地区，二十年来，嘉宇管理已受监各类工程千余项，相继获得国家级、省级、市级优质工程奖百余项，由嘉宇公司承监的诸多工程早已成为嘉兴的地标建筑。卓越的工程业绩和口碑获得了省市各级政府和主管部门的认可，2009年来连续多年被浙江省工商行政管理局认定为"浙江省守合同重信用AAA级企业"；2010年以来连续多年被浙江省工商行政管理局认定为"浙江省信用管理示范企业"；2007年以来被省市级主管部门及行业协会授予"浙江省优秀监理企业""嘉兴市先进监理企业"；并先后被省市级主管部门授予"浙江省诚信民营企业""嘉兴市建筑业诚信企业""嘉兴市建筑业标杆企业""嘉兴市最具社会责任感企业"等称号。

嘉宇公司通过推进高新技术和先进的管理制度，不断提高核心竞争力，本着"严格监控、优质服务、公正科学、务实高效"的质量方针和"工程合格率百分之百、合同履行率百分之百、投诉处理率百分之百"的管理目标，围绕成为提供工程项目全过程管理及监理服务的一流服务商，嘉宇公司始终坚持"因您而动"的服务理念，不断完善服务功能，提高客户的满意度。

二十年弹指一挥间。20年前，嘉宇公司伴随中国监理制度而生，又随着监理制度逐步成熟而成长壮大，并推动了嘉兴监理行业的发展壮大。而今，站在20岁的新起点上，嘉宇公司已经规划好了发展蓝图。一方面"立足嘉兴、放眼全省、走向全国"，不断扩大嘉宇的业务版图；另一方面，不断开发项目管理、技术咨询、招标代理等新业务，在建筑项目管理的产业链上，不断攀向"微笑曲线"的顶端。

工程名称：北大附属嘉兴实验学校
工程规模：25000万元

工程名称：嘉兴大树英兰名郡
工程规模：226926m²

工程名称：嘉兴世贸酒店
工程规模：64538m²

工程名称：嘉兴市金融广场
工程规模：202000m²

工程名称：嘉兴创意创新软件园一期服务中心工程，工程规模：72950m²

工程名称：智慧产业园一期人才公寓
工程规模：63000m²

工程名称：云澜湾温泉国际建设工程
工程规模：92069m²

工程名称：嘉兴永欣希尔顿逸林酒店工程
工程规模：64634m²

地　址：嘉兴市会展路 207 号嘉宇商务楼
联系电话：
经管部：（0573）83971111　82060258
办公室：（0573）82097146　83378385
质安部：（0573）83387225　83917759
财务部：（0573）82062658　83917757
传　真：（0573）82063178
邮　编：314050
网　址：www.jygcgl.cn
邮　箱：zjjygcgl @ sina.com

工程名称：嘉兴戴梦得大厦整合改造工程
工程规模：57591m²

工程名称：嘉兴华隆广场
工程规模：118739m²

九江国际金融广场项目

郑州市轨道交通 1 号线项目

贵州中烟工业公司贵阳卷烟厂易地搬迁
技术改造项目（国家优质工程奖、国家
钢结构金奖）

厦门高崎国际机场 T4 航站楼项目

河南省人民政府办公大楼项目

三门峡市文化体育会展中心项目（国家优质工程奖）

郑州绿地中央广场项目（中原地标）

鲁班奖——郑州市京广快速路项目

郑州市京广路南三环互通立交项目

背景：攫作得议会大厦项目

中兴监理

郑州中兴工程监理有限公司

郑州中兴工程监理有限公司是国内大型综合设计单位——机械工业第六设计研究院有限公司的全资子公司，隶属于大型中央企业——中国机械工业集团公司，是中央驻豫单位。公司有健全的人力资源保障体系，有独立的用人权、考核权和分配权。具备多项跨行业监理资质，是河南省第一家获得"工程监理综合资质"的监理企业；同时具有交通运输部公路工程监理甲级资质、人防工程监理甲级资质及招标代理资质和水利工程监理资质。公司充分依靠中机六院和自身的技术优势，成立了公司自己的设计团队（中机六院有限公司第九工程院），完善了公司业务链条。公司成立了自己的BIM研究团队，为业主提供全过程的BIM技术增值服务；同时应用自己独立研发的EEP项目协同管理平台，对工程施工过程实行了高效的信息化管理及办公。目前公司的服务范围由工程建设监理、项目管理、工程招标代理，拓展到工程设计、工程总承包（EPC）、工程咨询、造价咨询、项目代建等诸多领域，形成了具有"中兴特色"的服务。

公司自成立以来，连续多年被住房和城乡建设部、中国建设监理协会、中国建设监理协会机械分会、河南省建设厅、河南省建设监理协会等建设行政和行业主管部门评定为国家、部、省、市级先进监理企业；自2004年建设部开展"全国百强监理单位"评定以来，公司是河南省唯一一家连续入围全国百强的监理企业（最新全国排名第19位），也是目前河南省在全国百强排名中最靠前的房建监理企业；同时也是河南省唯一一家连续五届荣获国家级"先进监理企业"荣誉称号的监理企业，河南省唯一一家荣获全国"共创鲁班奖工程优秀监理企业"，河南省第一批通过质量、环境及职业健康安全体系认证的监理企业。

近几年来，公司产值连年超亿，规模河南第一。近年来监理过的工程获"鲁班奖"及国家优质工程19项、国家级金奖5项、国家级"市政金杯示范工程奖"4项，省部级"优质工程奖"200余项，是河南省获得鲁班奖最多的监理企业。

公司现有国家注册监理工程师200余人，注册设备监理工程师、注册造价师、一级注册建造师，一、二级注册建筑师，一级注册结构师、注册咨询师、注册电气工程师、注册化工工程师、人防监理师共225人次；有近200余人次获国家及省市级表彰。

经过近20年的发展，公司已成为国内颇具影响，河南省规模最大、实力最强的监理公司之一；国内业务遍及除香港、澳门、台湾及西藏地区以外的所有省市自治区；国际业务涉及亚洲、非洲、拉丁美洲等二十余个国家和地区；业务范围涉及房屋建筑、市政、邮电通信、交通运输、园林绿化、石油化工、加工冶金、水利电力、矿山采选、农业林业等多个行业。公司将秉承服务是立企之本、人才是强企之基、创新是兴之道的理念，用我们精湛的技术和精心的服务，与您的事业相结合，共创传世之精品。

地　址：河南省郑州市中原中路 191 号
电　话：0371-67606789、67606352
传　真：0371-67623180
邮　箱：zxjl100@sina.com
网　址：www.zhongxingjianli.com
邮　编：450007

总经理贾铁军

![logo]河南清鸿

河南清鸿建设咨询有限公司

河南清鸿建设咨询有限公司于 1999 年 9 月 23 日经河南省工商行政管理局批准注册成立、注册资本 1010 万元人民币。是一家具有独立法人资格的技术密集型企业，致力于为业主提供综合性高智能服务，立志成为全国一流的全过程工程咨询公司。

企业资质：
工程监理综合资质
房屋建筑工程甲级
市政公用工程甲级
电力工程甲级
公路工程甲级
化工石油甲级……
水利部水利施工监理乙级资质
国家人防办工程监理乙级资质
政府采购备案
工程招标代理

组织结构： 总经理负责制下的直线职能式，包括总工办、行政办公室、人力资源部、财务部、工程管理部、工程督查部、市场经营部、招标代理部。

企业荣誉： 公司连续十一年被评为"河南省先进监理单位"，中国《建设监理》杂志理事单位、河南省建设监理协会副会长单位。荣获河南省住房和城乡建设厅（豫建建 [2016]50 号文）2016~2018 年度全省建筑业骨干企业荣誉称号，列入河南省全省重点培育建筑产业基地名单，河南工程咨询行业十佳杰出单位，国家级"重合同、守信用 AAA 级"监理单位，先进基层党组织、优秀共建单位，通过了质量、环境、安全三体系认证。

业绩优势： 2007 年以来，承接的地方民建项目、工业项目、人防项目、市政工程、电力工程、化工石油工程、水利工程等千余项目，多次荣获河南省安全文明工地、河南省"结构中州杯""中州杯"等奖项。

技术力量： 公司现有管理和技术人员 480 余名，其中高级技术职称 24 人，中级技术职称 287 人。公司项目监理部人员 447 名，均具备国家认可的上岗资格；其中，国家注册监理工程师 75 人，注册一级建造师 16 人，注册造价工程师 5 人，河南省专业监理工程师 267 人，监理员 206 人，人才涉及建筑、结构、市政道路、公路、桥梁、给排水、暖通、电气、水利、化工、石油、景观、经济、管理、电子、智能化、钢结构、设备安装等各专业领域。

企业精神： 拼搏　进取　务实　创新
核心价值观： 用心服务，创造价值
品牌承诺： 忠诚的顾问，最具价值的服务
使　　命： 以业主的满意、员工的自我实现和社会的进步为最大的价值所在。
愿　　景： 高质量、高效率、可持续，成为行业中具有社会公信力、受人尊敬的咨询企业。
近期目标： 做专、做精工程咨询服务业。
中期目标： 打造中国著名的工程项目管理公司。
远期目标： 创建国际项目管理型工程咨询公司。

地　址：河南省郑州市金水区丰产路 21 号
电　话：0371-65851311;
邮　编：450000
邮　箱：hnqhgcb@126.com
网　址：http://www.hnqhpm.com/

卢氏中医院、县二院合并工程

郑州海宁皮革城

人大附中三亚学校

汝州市青瓷博物馆国际文化交流中心

郑西建业联盟新城

延津第二供水厂

郑州市四环线及大河路快速化工程

周商连接通道建设一路打通工程

武汉积玉桥万达广场威斯汀酒店（工程监理）　　联想武汉研究基地（项目管理）

麻城市杜鹃世纪广场建设项目（工程咨询）　　武汉协和医院西区外科病房大楼（工程监理）

华中科技大学先进制造工程大楼（工程监理）

中国建设银行灾备中心武汉生产基地（项目管理）

中国船舶重工集团第七一九研究所藏龙岛新区公共租赁住房项目（招标代理）

武汉华胜工程建设科技有限公司

武汉华胜工程建设科技有限公司始创于 2000 年 8 月 28 日，位于华中科技大学科技园内美丽的汤逊湖畔，是华中科技大学的全资校办、具有独立法人资格的国有综合型建设工程咨询企业。

公司运作规范，法人治理结构健全，在董事会的领导下，公司经营运作良好，社会信誉度高，是中国建设监理协会理事单位、湖北省建设监理协会副会长单位、武汉建设监理与咨询行业协会会长单位。

公司人才济济，技术力量雄厚，专业门类配套，检测设备齐全，工程监理经验丰富，管理制度规范。公司现有员工 400 余人，其中：高级专业技术职称人员 74 人，国家注册监理工程师 70 人，注册造价师 14 人，注册一级建造师 20 人，注册咨询工程师 5 人，注册安全工程师 7 人，注册结构师 1 人，注册设备监理师 2 人，人防监理师 18 人，香港测量师 1 人，英国皇家特许建造师 2 人，全过程项目管理师（OPMP）2 人。

经过 18 年的跨越式发展，公司确立了"一体两翼"的战略发展模式，即以工程监理为主体，以"项目管理 + 工程代建、工程招标代理 + 工程咨询"为两翼助力发展，且已取得瞩目成就。目前，公司具备国家住建部颁发的工程监理综合级资质、招标代理甲级资质和国家发改委颁发的工程咨询乙级资质，同时具备项目管理、项目代建、政府采购、人防监理等资格。公司下设襄阳、黄石、江西、海南 4 家分公司，是目前湖北省住建厅管理的建设工程咨询领域企业中资质最全、门类最广的多元化、规范化和科技化的大型国有企业。

18 年的辛勤耕耘，华胜人硕果累累，在行业内享有崇高声誉：公司连续 5 次被评为"全国先进工程监理企业"，5 项工程获得"国家优质工程奖"，11 项工程获得"鲁班奖"。与此同时，公司连续 9 次被评为"湖北省先进监理企业"，连续 10 次荣获"武汉市先进监理企业"称号；被武汉市城乡建设委员会授予"安全质量标准化工作先进单位""市政工程安全施工管理单位""武汉十佳监理企业"和"AAA 信誉企业"的荣誉称号。

2016 年，公司开展了 BIM 技术的尝试和探索，组织召开了 BIM 技术应用观摩交流会，正式成立了 BIM 研究中心。在决胜千里的事业征途上，华胜人志向远大，海纳百川，他们将以优秀的企业文化为引领，进一步加强企业党建工作，从而推进企业经营管理工作上台阶，不断开疆拓土，创造佳绩。

未来，华胜人将继续弘扬"团结奉献，实干创新"的华胜精神，与社会各界携手合作，共谋共享，实现合作各方共荣共赢，为华胜企业大发展、合作各方大兴旺贡献出华胜人的智慧和担当。

地　址：武汉市东湖新技术开发区汤逊湖北路 33 号创智大厦 B 区 9 楼
电　话：027-87459073
传　真：027-87459046
邮　编：430200
网　址：http://www.huaskj.com/

长沙华星建设监理有限公司
CHANGSHA HUAXING CONSTRUCTION SUPERVISION CO., LTD

长沙华星建设监理有限公司成立于 1995 年，是住建部批准的最早一批国有甲级监理企业，前身为 1990 年成立的化工部长沙设计研究院建设监理站，隶属中国化工集团。系中国建设监理协会理事单位、湖南省建设监理协会会长单位和中国建设监理协会化工分会副会长单位。

公司拥有房屋建筑工程、矿山工程、化工石油工程和市政公用工程等 4 项甲级监理资质和机电安装工程乙级监理资质，并获得造价咨询、全过程咨询、政府代建和无损检测资质。可承担房屋建筑、化工、石油、矿山、市政、机电安装等建设工程的监理、项目管理、造价咨询以及无损检测、政府项目代建等业务。

1998 年以来，公司连续被国家住建部、中国建设监理协会、湖南省住建厅、湖南省建设监理协会授予"全国先进工程监理企业""中国建设监理创新发展 20 年工程监理先进企业""湖南省先进监理企业""湖南省建筑业改革与发展先进单位""湖南监理 20 年风采企业"等荣誉称号。2009 年以来相继连续被评为湖南省"AAA 级诚信监理企业"。

公司成立以来，始终坚持科学化、规范化、标准化管理，逐步建立了科学系统的管理体系，于 1999 年取得 GB/T 19001 质量管理体系认证证书，2009 年取得符合 GB/T 19001、GB/T 24001、GB/T 28001 等 QHSE 三标一体管理体系标准要求的质量、环境和职业健康安全管理体系认证证书。

公司设置了化工、土建、矿山、公用工程等专业室，还设置了造价咨询中心和无损检测中心及信息资料室；工程技术专业配套齐全，拥有一支既懂技术又懂管理的包括工程技术、造价咨询、法律事务、企业管理等专业的高级技术人才队伍。各类检测仪器设施及管理软件配套完善。

公司秉持"一个工程，一座丰碑"的企业发展宗旨，坚持以专业室与项目监理部相结合的矩阵式管理统筹工程监理项目的具体实施，同时运用远程视频系统和监理通企业综合业务管理系统 OA 信息平台全面实施标准化项目管理。公司坚持诚信监理、优质服务，业务快速发展，客户遍及全国。先后与中石油、中石化、中水电、中化化肥、青海盐湖、开阳磷矿、贵州瓮福、湖北兴发、云南磷化、加拿大 MAG 公司等企业集团建立了长期战略合作关系，并已进入老挝、越南、刚果等国家开展项目管理和工程监理业务。公司依托省内、面向全国、辐射国外的服务宗旨，先后在国内 20 多个省市和多个国家开展工程监理和项目管理服务，树立了一流企业品牌。一批项目获得国家建设工程"鲁班奖""国家优质工程银质奖""全国化学工业优质工程奖""湖南省建设工程芙蓉奖""优秀工程监理项目奖"等国家和省部级奖项，受到客户、行业和社会的广泛关注和认可，取得了良好的经济效益和社会效益。

地　址：湖南省长沙市雨花区洞井铺桃花塅路 360 号中蓝长化院内
邮　编：410116
电　话：0731-89956658　0731-85637457
传　真：0731-85637457
网　址：http://www.chonfar.com
E-mail：hncshxjl@163.com

开阳磷矿 400 万吨 / 年改扩建项目用沙坝斜井工程（获评 2013 年度中国有色金属工业（部级）优质工程奖）

安徽庐江大包庄硫铁矿 125 万吨 / 年采选项目（公司承担该项目的项目管理和工程监理，其辅助斜坡道工程获评 2012 年度中国有色金属工业（部级）优质工程奖）

瓮福达州磷硫化工基地项目 15 万吨 / 年湿法净化磷酸主装置工程（获评 2013 年度全国化工行业优质工程奖）

湖北瓮福蓝天化工有限公司 2 万吨 / 年无水氟化氢 (AHF) 项目（获评 2014 年度全国化学工业优质工程奖）

威顿达州 30 万吨 / 年硫磺制酸装置工程（获评 2016 年度化工行业优秀工程监理项目）

长沙地铁 3 号线工程（3 号线全长约 36.5 公里，公司承担包含 15、16 两个施工标段的第 8 监理标段的工程监理）

中石化魏荆输油管线站场、管道改造项目——魏岗站加热炉工程

郴州福源大道工程

长沙市德思勤城市广场项目（该项目占地近 600 亩，总建筑面积近 50 万平方米。其中 B3~B7 栋获得 2016~2017 年度国家优质工程奖

中国电子科技集团第 48 所微电子装备中心大楼工程（2015~2016 年度湖南省建设工程芙蓉奖）

广东工程建设监理有限公司

广东工程建设监理有限公司，是于1991年10月经广东省人民政府批准成立的省级工程建设监理公司。公司从白手起家，经过二十多年发展，已成为拥有自有产权的写字楼、净资产达数千万元的大型专业化工程管理服务商。

公司具有工程监理综合资质、招标代理和政府采购代理机构甲级资格、甲级工程咨询、甲级项目管理、造价咨询甲级资质（分立）以及人防监理资质，已在工程监理、工程招标代理、政府采购、工程咨询、工程造价和项目管理、项目代建等方面为客户提供了大量的、优质的专业化服务，并可根据客户的需求，提供从项目前期论证到项目实施管理、工程顾问管理和后期评估等紧密相连的全方位、全过程的综合性工程管理服务。

公司现有各类技术人员800多人，技术力量雄厚，专业人才配套齐全，具有全国各类注册执业资格人才300多人，其中注册监理工程师100多人，拥有中国工程监理大师及各类注册执业资格人员等高端人才。

公司管理先进、规范、科学，已通过质量管理体系、环境管理体系、职业健康安全管理体系以及信息安全管理体系四位一体的体系认证，采用OA办公自动化系统进行办公和使用工程项目管理软件进行业务管理，拥有先进的检测设备、工器具，能优质高效地完成各项委托服务。

公司非常重视项目的服务质量和服务效果，所参建的项目，均取得了显著成效，一大批工程被评为"鲁班奖""詹天佑土木工程大奖""国家优质工程奖""全国市政金杯示范工程奖""全国建筑工程装饰奖"和省、市建设工程优质奖等，深受建设单位和社会各界的好评。

公司有较高的知名度和社会信誉，先后多次被评为全国先进建设监理单位和全国建设系统"精神文明建设先进单位"，荣获"中国建设监理创新发展20年工程监理先进企业"和"全国建设监理行业抗震救灾先进企业"称号。被授予"国家守合同重信用企业"和"广东省守合同重信用企业"；多次被评为"全省重点项目工作先进单位"；连续多年被评为"广东省服务业100强"和"广东省诚信示范企业"。

公司恪守"质量第一、服务第一、信誉第一"和信守合同的原则，坚持"以真诚赢得信赖，以品牌开拓市场，以科学引领发展，以管理创造效益，以优质铸就成功"经营理念，贯彻"坚持优质服务，保持廉洁自律，牢记社会责任，当好工程职业卫士"的工作准则，推行"竞争上岗、绩效管控、执着于业、和谐统一"的管理方针，在激烈的市场竞争大潮中，逐步建立起自己的企业文化，公司将一如既往，竭诚为客户提供高标准的超值的服务。

南宁国际会展中心

东莞玉兰大剧院

广东奥林匹克体育中心

佛山西站综合交通枢纽工程

底图：广深高速公路

微信公众号：广东工程建设监理有限公司

地　址：广州市越秀区白云路111-113号白云大厦16楼
邮　编：510100
电　话：020-83292763、83292501
传　真：020-83292550
邮　箱：gdpmco@126.com
网　址：http://www.gdpm.com.cn

广东穗芳工程管理科技有限公司

梅州—广州大桥项目

赣州章江新区农民返迁房项目

广东穗芳工程管理科技有限公司（原广州市穗芳建设咨询监理有限公司），成立于1999年，注册资本2380万元，获建设部颁发的行业最高监理资质——综合监理企业资质。

公司连续16年获得广东省广州市"守合同重信用企业"称号；连续多年获得广东省及广州市先进监理企业称号；多次获得省市多项安全文明质量奖；为广东省诚信示范企业、广州市A级纳税信用单位。

公司主要的业务范围为BIM+VR技术研发及应用、PPP特色小镇、产业园区的开发建设；项目管理、工程监理、招标代理、造价咨询等或全过程工程咨询服务。代表项目涉及公共建筑、交通工程、铁路工程、市政工程、商业地产、环境保护工程、水利工程、PPP项目等工程建设领域，业务范围遍及广东省各地（广州市各区）以及国内其他省（自治区）的大中城市。

公司自成立至今，一直致力于为建设项目提供一站式服务、全过程整体解决方案，并在行业内率先提出和实践"把项目管理元素加入监理"及"代建和监理一体化服务"开展监理、代建和项目管理，获得客户高度好评，并于2014年作为广东省监理行业唯一代表，在住建部交流作先进发言。

公司秉持"抓机遇、补短板、大发展"的管理理念，凭借国内行业平台优势、高效资源整合和工程管理能力，迅速发展壮大。2014年1月，穗芳在上海股交所挂牌，成为本行业首批挂牌企业。2016年5月穗芳公司发起筹备上海交大PPP研究中心，在上海交大设立了政府和社会资本合作（PPP）研究中心发展基金。2017年公司和上海交通大学合作成立了广东穗芳科技创新中心。科技创新中心利用科技手段构建发展平台，整合资源，打造产学研应用平台，设立有PPP研究中心、BIM应用研发中心、工程管理研究中心和装配式建筑研究中心。参与国家发改委首批PPP示范项目——开封大道项目，为其提供投后管理服务。2017年与全球基础设施投资50强星景资本结成战略联盟，成为复星集团成员企业。2018年承接了中国首条民营控股的PPP铁路项目——新建杭州经绍兴至台州铁路第五标段的全过程工程咨询服务和施工监理任务。

公司将一如既往地按照"诚信守约、优质高效、管控风险、创造价值、顾客满意、社会认同"的管理方针，为每一个客户提供优质、高效的全过程工程咨询服务。在项目服务中坚持廉洁自律的工作作风、高效有力的项目管控和风险预控的能力，优质、安全、高效地完成了各个项目的建设目标。在不断拓展业务的同时，将持续致力于工程管理精细化、公司治理规范化、经营管理现代化以及不断提高科技创新能力的发展理念，持续致力于提高客户满意度。

我们的愿景是，成为具有国际水平的全过程工程咨询服务企业，打造中国领先的工程领域系统服务供应商。

广州圆—广东塑料交易所总部大厦（意大利 A.M.Progettis.R.L 设计）

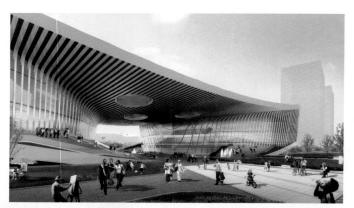

南沙档案信息规划展览中心工程（一期）

地　址：广州荔湾区花地大道中501号祺珍荟商务楼9层
邮　编：510000
电　话：020-81334567
传　真：81192697
网　址：www.gzsfjz.com
邮　箱：gzsfjz@163.com

广州市南沙中心医院二期后续工程

红岩村大桥

华岩石板隧道

歇马隧道

重庆机场 T3 货运楼

东方国际广场

重庆国际金融中心工程

中银大厦（重庆）

北京现代汽车重庆工厂

龙湖新壹城

重庆金融中心

江北嘴金融城 2 号

重庆华兴工程咨询有限公司

一、历史沿革

重庆华兴工程咨询有限公司（原重庆华兴工程监理公司）隶属于重庆市江北嘴中央商务区投资集团有限公司，注册资本金 1000 万元，系国有独资企业。前身系始建于 1985 年 12 月的重庆江北民用机场工程质量监督站，在顺利完成重庆江北机场建设全过程工程质量监督工作，实现国家验收、机场顺利通航的历史使命后，经市建委批准，于 1991 年 3 月组建为重庆华兴工程监理公司。2012 年 1 月改制更名为重庆华兴工程咨询有限公司，是具有独立法人资格的建设工程监理及工程技术咨询服务性质的经济实体。

二、企业资质

公司于 1995 年 6 月经建设部以 [建] 监资字第（9442）号证书批准为重庆地区首家国家甲级资质监理单位。

资质范围：工程监理综合资质
设备监理甲级资质
工程招标代理机构乙级资质
城市园林绿化监理乙级资质
中央投资项目招标代理机构预备级资质

三、经营范围

工程监理、设备监理、招标代理、项目管理、技术咨询。

四、体系认证

公司于 2001 年 12 月 24 日首次通过中国船级社质量认证公司认证，取得了 ISO9000 质量体系认证书。

2007 年 12 月经中质协质量保证中心审核认证，公司通过了三体系整合型认证。

1. 质量管理体系认证证书 注册号：00613Q21545R3M
质量管理体系符合 GB/T 19001–2008/ISO9001：2008
2. 环境管理体系认证证书 注册号：00613E20656R2M
环境管理体系符合 GB/T 24001–2004 idtISO 14001：2004
3. 职业健康安全管理体系证书 注册号：00613S20783R2M
职业健康安全管理体系符合 GB/T 28001–2011

三体系整合型认证体系适用于建设工程监理、设备监理、招标代理、建筑技术咨询相关的管理活动。

五、管理制度

依据国家关于工程咨询有关法律法规，结合公司工作实际，公司制定、编制了工程咨询内部标准及管理办法。同时还设立了专家委员会，建立了《建设工程监理工作规程》《安全监理手册及作业指导书》《工程咨询奖惩制度》《工程咨询人员管理办法》《员工廉洁从业管理规定》等文件，确保工程咨询全过程产业链各项工作的顺利开展。

地　址：重庆市渝中区临江支路 2 号合景大厦 A 栋 19 楼
电　话：023-63729596　63729951
传　真：023-63729596　63729951
网　站：www.hasin.cc
邮　箱：hxjlgs @ sina.com

华春建设工程项目管理有限责任公司

华春建设工程项目管理有限责任公司成立于1992年。历经25年的稳固发展，现拥有全国分支机构百余家，5个国家甲级资质，包括工程招标代理、工程造价咨询、中央投资招标代理、房屋建筑工程监理、市政公用工程监理五个领域；拥有政府采购、机电产品国际招标机构资格、乙级工程咨询、丙级人防监理、陕西省乙级装饰装修招标代理、军工涉密业务咨询服务安全保密条件备案资质，以及陕西省司法厅司法鉴定机构、西安仲裁委员会司法鉴定机构等10多项资质。公司先后通过了ISO9001：2000国际质量管理体系认证、ISO14001：2004环境管理体系认证和OHSAS18001：2007职业健康安全管理体系认证，业务涵盖了建设工程项目管理、造价咨询、招标代理、工程监理、司法鉴定、工程咨询和PPP咨询等七大板块，形成了建设工程全过程专业咨询综合性服务企业。

华春坚持"以奋斗者为本"的人才发展战略，筑巢引凤，梧桐栖凰。先后吸纳和培养了业内诸多的高端才俊，现拥有注册造价工程师126位、招标师54位、高级职称人员52位、一级注册建造师和国家注册监理工程师47位、软件工程师40位、工程造价司法鉴定人员19位、国家注册咨询工程师10位，并组建了由13个专业、1200多名专家组成的评标专家库，使能者汇聚华春，以平台彰显才气。

躬耕西岭，春华秋实，25年的深沉积淀，让华春硕果累累，实至名归。先后成为中招协常务理事单位、中国招投标研究分会常务理事单位、中价协理事单位、中价协海外工程专家顾问单位、中监协会员单位、省招协副会长单位、省价协常务理事单位、省监协理事单位等；先后荣获"2016年全国招标代理行业信用评价AAA级单位""2016年度全国工程造价咨询企业信用评价AAA级单位""2016年全国招标代理诚信先进单位""全国建筑市场与招标投标行业突出贡献奖""2016年度全国造价咨询企业百强排名位列28名""2016年度陕西省工程造价咨询行业二十强排名第一名""2016年度监理行业贡献提名奖""2015~2016年度先进监理企业""2014~2015年度全国建筑市场与招标投标行业先进单位""2014年招标代理机构诚信创优5A级先进单位""2014年全国招标代理诚信先进单位""2014~2015年度陕西省工商局'守合同重信用'企业""2014年陕西省'五位一体'信用建设先进单位"等近百项荣誉。

2014年起，华春积极响应国家六部委联合号召，顺应大势，斥资升级，开发建设了华春电子招标投标云平台，率先站在了互联网新业态的发展风口上，迎风而上，展翅飞翔。2016年，华春契合"互联网+""大众创业、万众创新"的发展新趋势，开创了华春众创工场、华春众创云平台、BIM众包网等新模式。在多元化发展之下，2017年华春建设咨询集团正式成立，注册资金1亿元，员工逾1500人，旗下9个企业设有华春建设工程项目管理有限责任公司、华春众创工场企业管理有限公司、华春网络信息有限责任公司、华春电子招投标股份有限公司等若干个专业平台公司，属于建设工程行业大型综合类咨询管理集团公司。现拥有25项软件著作权、高新技术企业认定单位，业务辐射全国，涉及建设工程项目管理、全过程工程咨询、BIM咨询、PPP咨询、司法鉴定、电子招标投标平台、互联网信息服务、众创空间、会计审计、税务咨询十大板块，是建设工程领域全产业链综合服务提供商。

今天的华春，坚持不忘初心，裹挟着创新与奋斗的精神锲而不舍，继续前行，以"做精品项目，铸百年华春"为伟大愿景，开拓进取、汗洒三秦，以"为中国建设工程贡献全部力量"为使命，全力谱写"专业华春、规范华春、周全华春、美丽华春"新篇章！

地　址：西安市雁塔区南二环西段58号成长大厦8层
电　话：029-89115858
传　真：029-85251125
网　址：www.huachun.asia
邮　箱：huachunzaojia@163.com

华春项目管理

总经理　王莉

办公场所（1）

办公场所（2）

企业资质

企业荣誉

湖北省随州市中心医院

榆林朝阳大桥

西安三环枣园立交

西藏飞天国际大酒店

陕西医学高等专科学校

西安建筑科技大学综合实验楼、土木实验楼